JN204395

誰もがデザインする時代

デザイン3.0の教科書

山岡 俊樹　著

海文堂

まえがき

なぜ，誰もがデザインする時代なのか？

21 世紀に入り，発想力がモノづくりに重要な要素となっている．製品がコモディティ化し，独自の価値ある製品，システムをつくらざるを得なくなっているからである．この場合，一部の専門家のみが発想するのではなく，関係者全員で（あるいは，ユーザも巻き込んで）発想することで幅広いアイデアが生まれ，オリジナリティの高い製品，システムを市場に提供することが可能となる．

本書の狙い

本書は 21 世紀の新時代に対応したデザイン（デザイン 3.0）に対応すべく，デザイナー，エンジニア，プランナーなどの専門家だけでなく，ビジネスマンの誰もが，知識，論理性，可視化のそれぞれの能力を向上させ，最終的に発想力を高め，デザインできるように構成されている．そのため，属人的要素の強い既存のデザイン手法を避け，誰でも使用するのが可能な各種フレームによりデザインできるシステムデザイン方法（汎用システムデザインプロセス）に基づいている．この方法は面倒な手順を踏むので，一見とっつきにくいかもしれないが，マスターすれば汎用なので，どんなモノ，システムについても容易に活用できる．例として，鶴亀算と方程式で考えると，鶴亀算は所定の方法はなく，属人性の強い方法であるのに対して，方程式はある手順に従えば，誰でも簡単に計算できる方法である．鶴亀算は既存のデザイン方法で，方程式は汎用システムデザインプロセスともいえる．

絵が描ける効用

デザインだけでなく，ビジネスにおいて，絵を描けるというのは，発想力を高めるうえで有用なスキルである．透視図が狂っていても問題ではなく，自分の発想したイメージが具現化できればいいのである．以下にパースの描きかたのポイントを示す．目の高さに水平線を描き，立方体の平行する線はこの水平線上の消点で交わることを知っていれば問題ない．このように立方体をつくれば，その組み合わせでどのような形状でも表現することができる．打ち合わせやプロジェクトのアウトプットを可視化できれば，理解が容易になり，情報を共有できる．

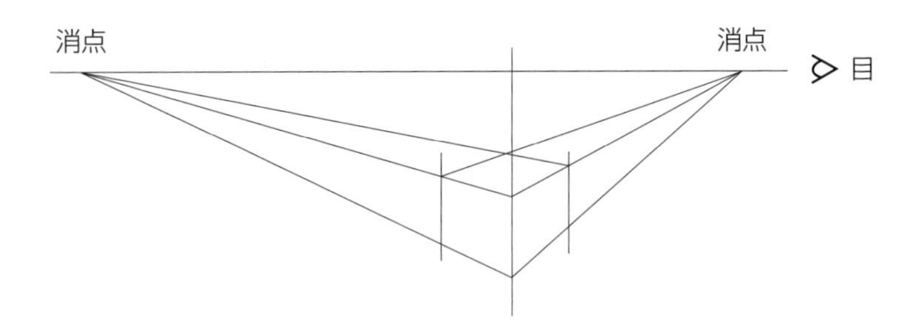

本書の構造

本書の基本的な考えかたは，生活者の視点に立ちユーザ要求事項を抽出し，これを論理的に展開し製品・システムのデザインにまとめ上げることである．文中で紹介している汎用システムデザインの方法はデザイン 1.0 からデザイン 3.0 で活用できるデザイン方法である．

本書では①知識，②論理性，③可視化能力に基づき発想力が身につくという構造を考えている．以下，その理由を述べる．

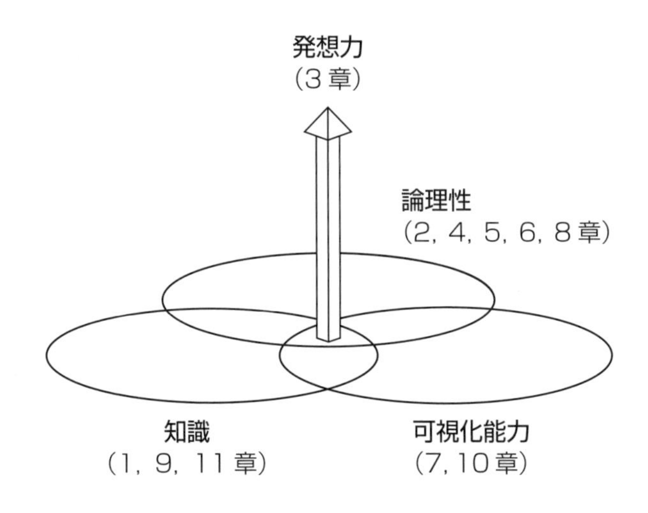

(1)　知識

知識を獲得することにより，見えなかった世界が見えるようになる．本書では 9 章でさまざまなインタフェースや人間工学系の用語を紹介しているので，これらをマスターするといままで気が付かなかったことがわかるようになる．同様に，デザインする際にも役立つ．たとえば，人間－機械系のインタフェースをデザインする際，身体的側面のフィット性という検討すべき項目がある．この知識を知っていると，凸状のスイッチは指が滑るので避けたほうがよいと判断することができる．

⑵ 論理性

論理性に関して，物事やシステムを構造的に理解，あるいは構築することができるようになる．2 章で紹介する汎用システムデザインプロセスや 6 章の構造化コンセプトなどは構造的に物事などを理解，構築するのに効果的である．

⑶ 可視化能力

可視化能力とは頭の中のイメージを絵，イラストにすることができるということである．可視化能力があるとビジネスの打ち合わせなどのとき，絵，イラストを描くことにより，効率の良いコミュニケーションが可能となる．若いころ食卓用照明器具をデザインし，カタログをつくることになった．食卓のシーンのスケッチを関係者に渡し，打ち合わせを行ったのだが，意見が食い違うので，絵を描いてくれないかと頼んだ．しかし，絵ではなく口頭の説明のみで，お互いに理解するのに大変時間がかかった．10 章に造形方法が記述されているので確認してほしい．

⑷ 発想力

以上の知識，論理性，可視化能力を構築することにより，発想力を高めることができる．伝統的発想法も良いが，本書ではそれらと異なる方法（再定義による方法）を提案している．コーヒーカップを例にとると，伝統的発想法は使用環境，使用状況，その形状などから発想する方法で，コーヒーカップのバリエーションを発想していく仕組みともいえる．一方，本書で提案している方法は，コーヒーカップの本質は何かと考えていく方法である．3 章を参考にされたい．

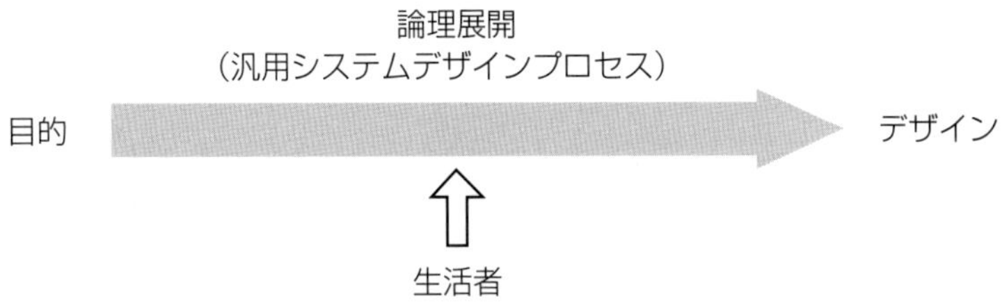

論理展開
（汎用システムデザインプロセス）

目的 → デザイン

↑

生活者

最後に，本書の出版に際して，快く賛同をいただき，いろいろアドバイスをいただいた海文堂出版の岩本編集部長，黒沼さんに厚く御礼を述べたい．

2018 年 9 月吉日

山岡俊樹

目　次

1 章
デザインとは

現在，モノづくりに必要となっているデザイン 3.0 というデザインの世界を紹介する.

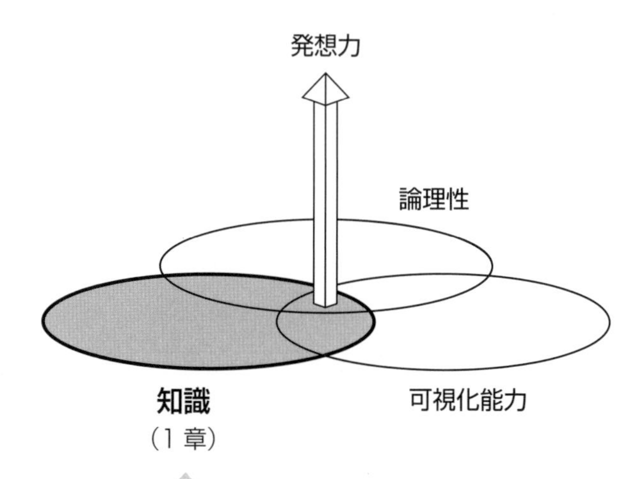

- ドイツ工作連盟，バウハウス
- マズローの欲求 5 段階説
- デザイン 1.0，デザイン 2.0，デザイン 3.0
- 冷たいデザイン，温かいデザイン
- デザインの定義，デザインの構造
- サービスデザイン，サスティナブルデザイン，ソーシャルデザイン
- 見えるデザイン，見えないデザイン
- ミクロデザイン，マクロデザイン
- エルゴノミクスデザイン（人間工学）

1.1 デザインの歴史と広がるデザインの世界

(1) 1945年以前

18世紀半ばから起こった産業革命の後，モノづくりの方法が大幅に変わった．それまでの手づくりの生産から，機械による大量生産が可能となった．手づくりの時代では，顧客の個別の要望にも対応できたことであろう．機械による大量生産に対して，否定的あるいは肯定的な見かたによりさまざまなデザイン運動が起こった．

まず，英国のウイリアム・モリスによるアーツ・アンド・クラフツ運動を挙げることができる．機械を否定し，中世の手づくり生産に価値を置き，織物のデザインを中心とした活動を行った．このデザイン重視の運動は国外に影響を与えた．

しかし，機械を肯定的に見る時代の流れとなり，このベクトルからアールヌーボーの運動が起きた．この運動は植物などの自然に造形のテーマを求めたが，その本質は歴史様式からの決別と機械生産への関心である[1]．

さらに，機械肯定の観点から，ヘルマン・ムテジウスらは，良質の工業製品を求めてドイツ工作連盟を1907年に結成し，生産の標準化の提案などを行った．この考えに賛同して，ペーター・ベーレンスはベルリンの電気メーカA.E.G.の工場，製品およびパンフレットをデザインしている．

ドイツ工作連盟の運動はヨーロッパ各国に影響を与えたが，

ベーレンスの弟子であった建築家のグロピウスは工学と美術の統合を求めて，ドイツのワイマールに国立バウハウスを1919年に開学した．この学校で初めてデザインの体系立った教育がなされた．モダンデザインの原点でもあり，その影響は現在まで及んでいる．バウハウスはその後の時代の変遷とともに移転を繰り返し，最終的には米国のシカゴに活動の場を見つけた．

以上のように，大雑把に言えば，ウイリアム・モリスのアーツ・アンド・クラフツ運動からスタートしたデザイン運動は，アールヌーボー，ドイツ工作連盟を経て，最終的にはバウハウスのデザイン教育につながっている．

(2)　1945年以降

第二次世界大戦の後，デザインは花開いたといえるだろう．我が国では明治期からグラフィックデザインはポスターなどで行われてきたが，戦後，産業の復興とともに製品デザインやインテリアデザインが行われるようになった．高度経済成長を経て，我々の生活は格段に向上し，それにともないさまざまなデザインが発生した．また，デザインが複雑化し，そのレベルが上がり，一人ではなく，複数人でデザインを行うようなった．

以上のデザインの動きを俯瞰すると，産業の発展に連動してデザインの世界が変化，拡大しているのがわかる．たとえば，製品デザインの場合，1950年代では家電や自動車のようなハードのオブジェクトがデザイン対象であったが，1990年代になるとパソコンの登場によりGUI（Graphical User Interface）デザインという新しいデザインが出現した．さらに時代を経ると，単品でなく，さまざまな要素を統合したサービスデザインやソーシャルデザインが生まれ，社会に影響を与える存在となっている．

このデザインの多様化や複雑化の現象をマズローの欲求5段階説に基づいて説明することができる．マズローの欲求5段階説（図1.1）[2] とは，人間の欲求は生理的欲求から安全の欲求，所属と愛の欲求，承認の欲求，自己実現の欲求へと順に変わっていくという説である．

まず，生理的欲求では，機能を満たしたデザインであることが重要で，このようなデザインは受け入れられた．例として，扇風機ならば，風を発生させるという機能が満たされていれば商品は問題なかった．次に，時代を経て生活レベルが上がっていくと，生存だけでなく安全も要求されるようになった．扇風機の例で言えば，指が羽に当たらないようなガードをつくることである．このような機能中心デザインの時代は1945～1990年ごろと考えられる（図1.2）．モノが主なデザイン対象であっ

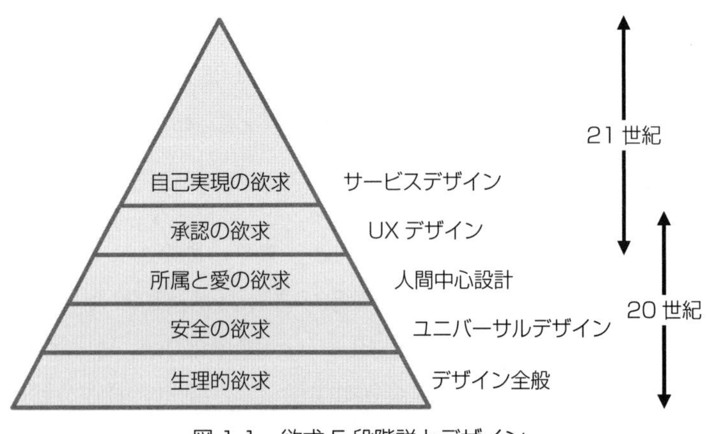

図1.1　欲求5段階説とデザイン

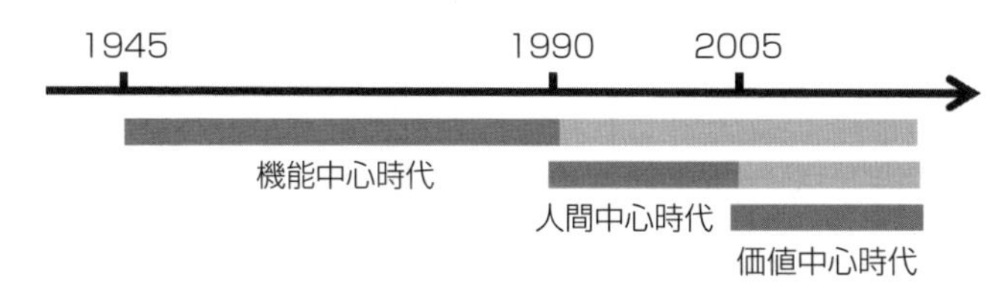

図 1.2　戦後のデザインの変遷

た．この時代のデザインを**デザイン 1.0** ということにする．

さらに生活が豊かになり，所属と愛の欲求や承認の欲求のレベルに要求が高まっていくと，より人間の視点に重点を置いた人間中心デザインの考えかたが出てきた（図 1.2）．その流れを受けて，1999 年に人間中心設計（HCD：Human Centered Design）の規格が ISO13407 として制定された．この人間中心デザインの時代は，1990 ～ 2005 年ごろである．モノにこだわったミクロのデザインでもあった．この時代のデザインを**デザイン 2.0** とする．

21 世紀に入ると，マズローの自己実現の欲求のレベルに到達した．そのため，ハード（モノ）だけでは満足できず，ソフト（コト，とくに感動，心の和み）にデザインの力点がシフトし，ユーザエクスペリエンス（UX，User Experience）デザイン，サービスデザイン，サスティナブルデザインが注目を浴びるようになった（図 1.2）．モノの呪縛から解き放され，多様でマクロのデザイン世界ともいえる．このような本質的な価値中心デザインの時代は，2005 年ごろから現在に至っている．この時代のデザインを**デザイン 3.0** と定義する．

デザイン 3.0 はマクロデザインで，デザイン 1.0 と 2.0 はミクロデザインである．ミクロデザインはオブジェクト単体を対象とするが，マクロデザインはオブジェクトの集合，オブジェクトとそれを包含する空間や社会をデザインの対象にするデザインである．多種少量生産で，インターネット（IoT），AI による人とシステムとの新しい関係を築くインダストリー 4.0 の動きに対し，デザイン 3.0 の手法として汎用システムデザインプロセス（2 章）を考えている．この手法はシステム思考であり，インダストリー 4.0 の世界と相性は良いだろう．

1.2 冷たいデザイン・温かいデザインとデザイン1.0，2.0，3.0の世界

(1) 冷たいデザイン・温かいデザイン

バウハウスを源流とするモダンデザインはデザイン 2.0 の段階で最高潮に達したと言える．そのためか，1980 年代にモダンデザインに異を唱えたポストモダンの動きがあった．しかし，この動きは形状を表面的にいじくっただけであり，本質的なデザインの変革をもたらすものではなかった．

デザイン 3.0 の段階では，人々の生活レベルが上がり，デザインの本質が問われるようになり，感動や心の和みを重視するようになった．これらのデザインは，無駄の排除，効率を目指したモダンデザインとは一線を画す存在である．

モダンデザインはシンプルで無駄がなく，禁欲的であり，人々にある種の憧れを抱かせ，新しい時代を象徴するイメージ

があった．このデザインを冷たいデザインとする．

一方のサービスデザインやソーシャルデザインなどは，形状・イメージ構築のみにウエイトを置くのではなく，人々と社会との温かいコミュニケーション，それによる感動，心の和み，というベクトルに力点を置いている．このデザインを温かいデザインとする．

人々の生活が生理的欲求や安全の欲求，所属と愛の欲求のレベルで豊かでなかった時代は，モダンデザインという新しい時代を象徴し，人々にある種の憧れ・夢・幸福感を抱かせるイメージが必要であった．その例が流線型の自動車デザインである．しかし，自己実現の欲求のレベルに到達した現在，人々の価値観が多様化し，モダンデザインのように一つのデザインの考えかたに縛られることなく，多様な価値を持つデザインが生まれた．温かいデザインの萌芽は，オフィス空間での木材の多用，商品に自然感のある素材の活用など，我々の身の回りに確認できる．これらの動きは自然回帰と判断することもできる．

この冷たいデザインと温かいデザインを分ける基準の一つに，デザイン物との心理的な距離感が考えられる．冷たいデザインは心理的距離感が遠く，温かいデザインの場合は近いと識別することができる．生理的にも，部屋の寒いところと温かいところでは，人間は温かいところに近づくが，寒いところには近づかないだろう．この距離感とデザインに関して，アンケートにより確かめられている．

(2)　デザイン 1.0，2.0，3.0 の世界

デザイン 1.0，2.0，3.0 の特性を表 1.1 にまとめた．簡単に言

えば，デザインの活動範囲が拡大し，デザイン対象物が単体の世界から，集合したシステム，あるいはそのシステムと空間・社会を包含した世界がデザインの対象になってきているということである.

日本経済の脱工業化が進み，サービス産業が命綱となるにしたがって，デザイン3.0のなかのサービスデザインの重要性は高まっている.

1.3 企画やデザインがモノづくりで重要になっている

20世紀のモノづくりは，一般的に機能が優先であり，また製品のお手本が欧米にあったので，企画にはそれほどウエイトが置かれていなかった．品質で売れていたため，企画よりも品質のほうにウエイトが置かれていた．しかし，21世紀に入り，マズローのいう尊厳の欲求や自己実現の欲求レベルに到達すると，品質だけではなくモノやシステムの本質的な価値が求められるようになってきている（図1.3).

製品の機能ももちろん価値であるが，いまはその機能により，どういう世界を提供できるかが求められているのである．これに応えるのが企画であり，デザインである．扇風機の例で言えば，ユーザの身体状況を感知し，照明器具などと連動させて，ユーザを包み込むような従来にない新しい感覚・体験の世界を提供するなどである．今後は，ユーザにどのような世界を提供

表 1.1　デザイン 1.0，2.0，3.0

	デザイン 1.0	デザイン 2.0	デザイン 3.0
時代	1945～ 1990年ごろ	1990～ 2005年ごろ	2005年ごろ～
基本思想	効率の追求		心の和みの追求 感動の追求
デザイン ベクトル	冷たいデザイン （シンプル，禁欲的，象徴性）		温かいデザイン （脱効率，自然回帰）
ミクロか マクロか （モノかコトか）	ミクロデザイン （モノ） （オブジェクト単体）		マクロデザイン （コト） （システム）
主テーマ	機能デザイン	人間中心デザイン	価値のデザイン
価値	機能価値	人間中心価値	本質的価値 社会的価値 精神的価値
欲求5段階説	生理的欲求 安全の欲求	所属と愛の欲求 承認の欲求	自己実現の欲求
検討事項	形状，色彩，質感	ユーザビリティ ユーザインタフェース	サービス UX（ユーザ体験）
事例1： 扇風機の場合	ガードのピッチが広く，安全性に問題があり，垢抜けないスタイリングである.	ガードのピッチが狭くなり，安全性が高まり，すっきりとしたスタイリングとなった.	風をおこす構造をまったく変え，使用空間に調和した羽の見えない新しいスタイリング.
事例2： CT機器の場合	機械然としたスタイリングで，近寄りがたい，怖いというイメージ.	すっきりとした色彩，スタイリングとなり，ユーザビリティも改善された.	楽しい体験をするというストーリーの視点から，本体と検査室の色彩，スタイリングを見直し，楽しい体験の提供というサービスデザインにした.

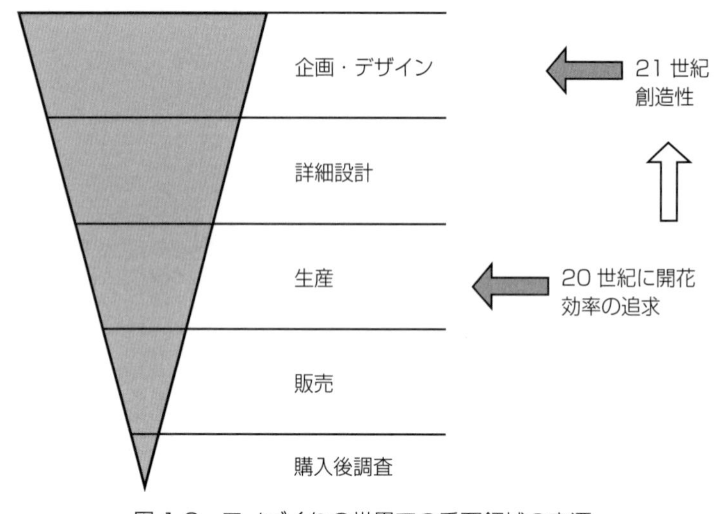

図 1.3　モノづくりの世界での重要領域の変遷

できるかが企画やデザインのポイントとなるので，単品ではなかなか難しく，システムとして価値を求めていく必要がある．

1.4　デザインの定義

1.1，1.2 節で言及したが，デザインの扱う世界が，単品からシステムへ，ハードからソフトへとその範囲を広げているのがわかる．この背景には人々の生活が向上し，彼らの価値観が多様化しているという現実がある．またデザイナーの社会に対する意識の変化も見ることができる．デザイナーは，企業などの閉じた空間内でのデザイン活動から，開かれた社会での活動，貢献という視点にも力を入れだしたとみることもできる．20世紀末ごろから，企業のデザイナーがユニバーサルデザイン活動を実践したり，さらにはソーシャルデザインといったデザインの社会での活用にも目を向けるデザイナーが増加している．

このようにデザイナーの活動する世界は拡大しており，このような観点から，本書ではデザインを以下のように定義する．

デザインの定義：デザインとは，モノ，コト，システムを通して，ユーザ（生活者）に本質的な価値をもたらすことである．

最終的には生活，環境，社会にも価値を与える．あるいは，生活者に価値を直接もたらすことも考えられる．製品・システムの価値はそれらに付属しているわけでない．その価値は生活のなかでの使いかたによって生まれる．たとえば，カラーボックスは縦に置いて本箱になったり，横に置いて化粧棚，さらにはテレビやスピーカーの置き台にもなる．コンクリートブロックは主に建物の壁や塀に用いられるが，スピーカーの台としても使われる．つまり，これらの価値は生活のなかでの使いかたによって生まれる．これを考えるのがデザインである．

ユーザは何かを達成する場合，モノ，コト，システムを通してその目的を達成する．そのため，デザインはモノ，コト，システムにその使いかたを付与することにより，ユーザにその使いかたを通して，モノ，コト，システムを動かし，当初の目的を達成させるのである．その目的を達成させると，そのユーザに絡む生活，環境，社会にも間接的に価値を与えることとなる．サービスデザイン，サスティナブルデザイン，ソーシャルデザインなどは，モノ，コト，システムを介して，生活，環境，社会にとくに強く影響を与え，価値を与えるデザインの世界である．

デザインは一種の「コト」であるので，デザインが生活者に価値を直接もたらすということは，生活者がそのデザイン思想に共感するということでもある．たとえば，サービスデザイン，サスティナブルデザイン，ソーシャルデザインなどのマクロデザインではその思想に，従来のグラフィックデザインやプロダクトデザインではモノづくりに対する姿勢に，共感するのである．

本質的価値というのは，モノ，コト，システムにとって，最も重要な価値を意味する．20 世紀では，機能性（デザイン 1.0）や人間優先の考えかた（デザイン 2.0）がデザインするときの主要な価値であったが，それらはそのときの社会状況から導出された価値であった．モノ不足で生活が豊かでなかった時代では，とにかく機能面を満たすデザインでよかった．そのうち製品がデジタル化し，ユーザインタフェースの必要性が高まってくると，人間中心の使い勝手の良いデザインが求められてきたのである．

現在では，体験や意味性が求められているが，とくに意味性が大事であると考えている．つまり，システムがユーザにどういう意味を与えるのか熟考すべきである．この意味性を考えるというのは，その商品，システムは本質的に何が求められているのかを検討することである．それは，体験が該当するかもしれないし，あるいはユーザの気づいていない潜在的な価値や自己実現にかかわる価値を抽出することかもしれない．もちろん，顕在化した機能性などの価値が該当する場合もある．

同じ製品でも時代とともに価値は変遷する．扇風機の場合，1950年ごろは，極端に言えば，風が発生すればよいといった機能主義の考えかたであった．しかし，21世紀に入ると室内との調和を意識したタイプや人間の感性に適合した風を追求したタイプなど，本質的な価値展開を図った製品が誕生している．

いままでの機能中心とか人間中心といった価値は，その時代に適応した価値であったが，これらの価値を経て，よりモノ，コト，システムの本質的な価値を考えていこうというベクトルであり，価値の発想の自由度は高くなっている．人々の価値観の多様化から，より幅広く本質的に価値を考えていくという方向である．従来はモノに焦点を絞り，その範囲内での価値を見いだし，可視化するというのがデザインの姿勢であった．それらの姿勢はデザインという活動の一部であり，デザイン対象物の本質的な価値を探るのがこれからのデザインである．

たとえばスマートフォンの場合，製品本体や操作画面をデザインするだけではなく，そもそもスマートフォンの本質は，好きなときに，どこででも電話をかけられる，WEB情報を得られることであるので，この本質的価値を実現するためにデザインを行う．そのためにはさまざまな要件があるが，制約条件から，自動車運転中あるいは歩行中の操作など，安全性を損なう行為をさせないデザインにすることも重要である．

このような新しい機器が世の中に出現するときは，とくに社会との調和を実現させるために，事前にデザインを検討することが重要になってきている．

1.5 デザインの構造

デザインを行う際，さまざまな事項を検討するための基盤（知識）が必要となる．建築の場合は構造に関する知識である．デザインにはさまざまな種類があるが，人間に関する知識が該当するだろう．デザインの世界が拡大しても，その基盤は人間に関する知識である．

グラフィックデザインの場合，見やすく，わかりやすいこと（人間工学など），ユーザとのコミュニケーション（記号論，心理学）などが検討領域であろう．製品デザインならば，見やすく，わかりやすく，使いやすく，安全であること（人間工学，認知心理学など），ユーザとのコミュニケーション（記号論，心理学，感性工学）などが考えられる．デザイン対象範囲が広いサービスデザインの場合は，前述の情報だけでなく，社会学，マーケティング，物流などの知識が加わる．

以上をまとめてみると，人間と機械との調和を考える人間工学の存在が浮かび上がってくる．人間工学は人間と機械との調和を考える学際的な学問で，人間と機械との狭い範囲を考えるミクロ人間工学と，人間－機械系を組織，社会の視点から捉えるマクロ人間工学がある．

したがって，デザインの下位構造として，論理性としての人間工学などがあり，その上に具現化機能があると定義することができる（図 1.4）．具現化のなかには，見えない情報を可視化する機能と概念化する機能がある．概念化する機能とは，システム全体の概念化およびシステムにおける構成要素間の有機的関係の構築，操作作法や規則の取りまとめをする機能である．前述したスマートフォンの運転中操作禁止などの作法を決めることであり，通常，目に見えない世界

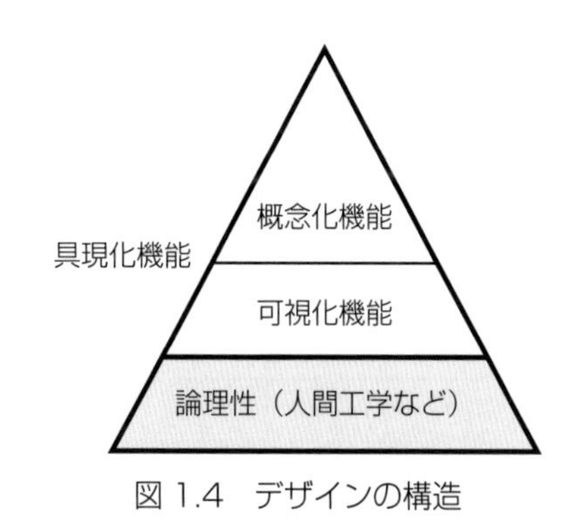

図 1.4　デザインの構造

でもある．一方，製品デザインやグラフィックデザインのイメージ，メタファーなどの可視化により派生する情報は，可視化機能のなかに包含される．

デザインの世界がミクロからマクロのデザインへと広がっていくと，デザインの概念化機能を操れる人材が求められるようになるであろう．表 1.2 に，上で述べた各機能と各デザインとの関係を示した．主にデザイン 1.0 では可視化機能，デザイン 2.0 では可視化機能と人間工学，デザイン 3.0 では可視化機能と概念化機能が重要であるのがわかる．

① 見えるデザイン（デザイン 1.0，2.0：ミクロデザイン）

従来のデザインで，提案している価値を可視化できるようにするデザインである．

② 見えないデザイン（デザイン 3.0：マクロデザイン）

システム全体の概念化およびシステムにおける構成要素間の有機的関係の構築，操作作法や規則の取りまとめをする機能を実現するデザインである．

システムにおける構成要素のデザイン（見えるデザイン：

表 1.2　各デザインの特性

	デザイン 1.0		デザイン 2.0		デザイン 3.0	
	製品デザイン	グラフィックデザイン	UIデザイン	ユニバーサルデザイン	UXデザイン	サービスデザイン
概念化機能	△	△	△	○	○	◎
可視化機能	◎	◎	◎	◎	◎	◎
人間工学	○	△	◎	◎	○	○

ミクロデザイン）を行い，これらの関係をデザインコンセプトによりシステムとして取りまとめるのが，見えないデザイン（マクロデザイン）の役割である．この場合，構成要素はモノだけでなく，人間も該当する．

したがって，両者の関係は以下のとおりである．

ミクロデザイン＝可視化機能

マクロデザイン＝概念化機能＋可視化機能

マクロデザインでは，概念化機能としてシステム全体の取りまとめを行うデザイナーと，構成要素を可視化するデザイナーに分離していく可能性が高い．たとえば，ある敷地の有効利用を検討したい場合，全体の構想を考えるのは概念化機能を担当するマクロデザイナーであり，その構想を受けて建物を検討する建築家や使われる什器，家具，設備をデザインする家具デザイナー，サインをデザインするサインデザイナー，色彩を検討するカラーリストなどが考えられる．さらに，各建築物間または建築内の情報共有化システムを検討する情報デザイナーなども重要な存在である．

① サービスデザイン，ソーシャルデザインなど

一種の総合デザインであり，見えないデザインと見えるデザインを活用して，目的を達成する世界である．

② エルゴノミクスデザイン

人間工学に基づくデザインのことであり，使いやすさに重点を置いたデザイン，ユニバーサルデザイン，バリアフリーデザインなどがある．人間工学には参加型デザイン（Participatory Design）があり，作業現場で人間工学の知見を活用して，作業者自身が職場の環境改善を行うデザインである．これは主に見えないデザインをする世界である．エルゴノミクスデザインはサービスデザインと同様に見えないデザインと見えるデザインを活用した一種の総合デザインである．

参考文献

[1] 勝見勝，現代デザイン入門，p.4，鹿島出版会，2005
[2] A.H. マズロー，小口忠彦訳，人間性の心理学，pp.55-90，産業能率大学出版部，2013

2章
汎用システムデザインプロセスの概要

デザイン 3.0 の世界に対応した手法である汎用システムデザインプロセスの概要を紹介する.

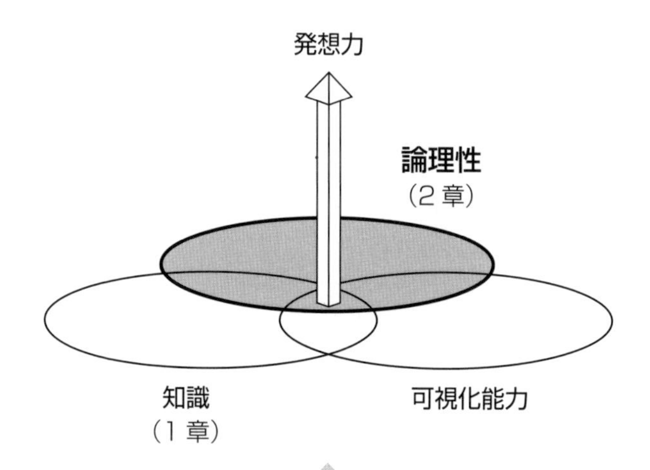

汎用システムデザインプロセス
目的と手段
①企業や組織の理念の確認
②大まかな枠組みの検討
③システムの概要
④システムの詳細
⑤可視化
⑥評価

2.1 使いづらい製品が多くある

ポスター，家電製品，自動車，家や展示会，コンサートなどのイベントなどのデザイン対象物には必ず目的がある．その目的を達成するためには，どうすべきであろうか？

通常，目的を達成するための手段を考えて，解決案を求める．たとえば，100 人程度の参加者を見込んでコンサートを開催する場合，まず方針（目的）を決めて，それにしたがって場所，広さ，費用などの制約条件によって，最適な会場を絞り込んでいくだろう．さらにそのポスターを制作するときでも，この方針に適合したイメージのデザインをする．

一方，コーヒーカップのような機能が単純でデザインの自由度が高い場合，なかなかそのデザイン意図（コンセプト）を読み取れない例が多くある．コップの取っ手は握りにくく，しかも造形的な効果が弱かったり，開口部の口に当たるところの配慮があまりなく，飲んだときの感触が良くない．この理由として，極言すれば，デザインする前に厳密な検討をしないで，形の検討からスタートしていると考えざるをえない．人間には適応力があり，多少使い勝手の問題があっても使ってしまうので，問題が顕在化しない．

また，図 2.1，図 2.2 の製品も問題が多い．図 2.1 の部品は自転車のギア比を示す表示器であるが，斜めから見るので文字が小さく，夕方になるとほとんど見えない．人間工学の「文字の高さ = 視距離 / 200」の知識があれば，このようなデザインにはならなかったはずである．しかも，デザインの効果を高めるためなのか，部品の一部にコストのかかるクロームメッキを施している．図 2.2 はビジネスホテルの机に置かれてあった球状の照明器具である．このような形状なので，パソコンで仕事をする際，光が目に直接入って，グレア（まぶしさ）を生じ，非

図 2.1　ギア比の数字が見にくい

図 2.2　グレアを生じて，パソコン作業ができない

常に困った．球状の照明器具は空間全体に対してアクセントとなり，見てくれは良いのであるが，そもそもこのホテルはビジネスホテルであって，リゾートホテルではない．

以上の例からも，デザイン作業を行う前にデザイン要件を洗い出し，目的を決めて，それを実現させるための手段を考える必要性を認識しなければならない．

2.2 汎用システムデザインの基本的な考えかた

我々は道具や機械，システムを使って，ある目的を達成する．そのとき，手段であるそれらの使いかたを検討しなければならない（図 2.3）．

当然，使うだけでなく，空間にも置かれるので，造形的な要素も十分検討しなければならない．操作性が悪くて使えないのでは，いくら造形が良くてもまったく意味がない．ポスターなどの場合は，目的は情報を伝えることであり，手段はその情報を可視化することである．その可視化は，見やすく，わかりやすいだけでなく，なんとなくイメージが伝わればよいという場合もあり，道具や機械，システムと比較して，複雑である．

後述する汎用システムデザインの基本的な考えかたは，目的→手段→可視化の流れを基本としている．つまり，目的から制約条件により可視化まで絞り込んでいく方法である．部分的には既存のデザイン方法で採用しているアブダクションや帰納法を採用しているが，基本的な考えかたは演繹的な方法である（図2.4）．

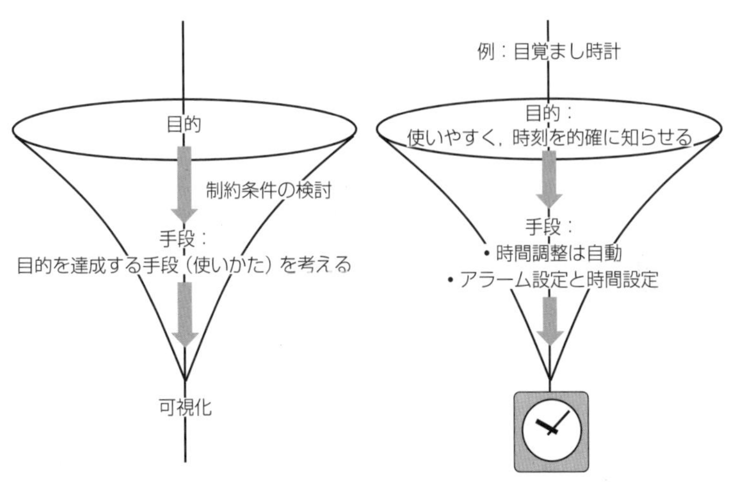

図2.3　目的から考える

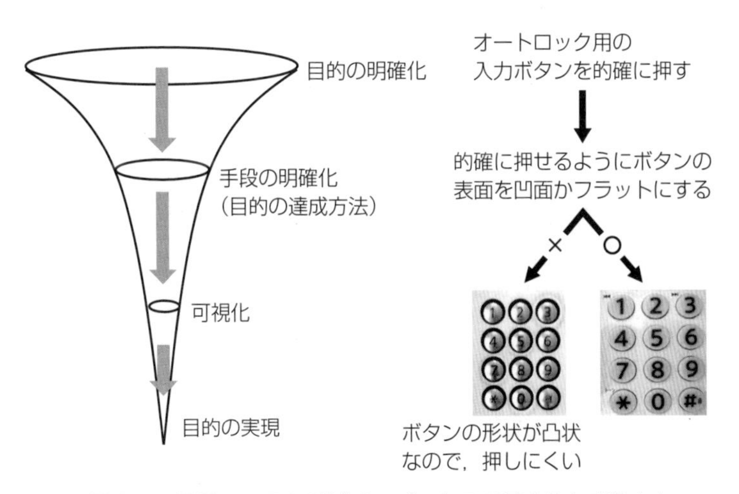

図2.4　汎用システムデザインプロセスの基本的な考えかた

通常，デザイナーはデザインを行うとき，関連データを収集し，それから簡単なコンセプトを決めて，スケッチを描くのが普通である．実はスケッチを描きながら，形状の妥当性を検討し，コンセプトの厳密化を行い，制約条件を決めているのである．つまり，描いたスケッチから形の問題点や形の基になるコンセプトを修正していくのである．これを何回も繰り返して，デザイン案を作成するのである（図 2.5）．

ただし，この方法は知識よりも自分の体験にウエイトを置いている場合が多いので，その製品にかかわるユーザに関する知識がないと，自分の体験を前面に出すことによって問題が生じる場合がある．たとえば図 2.2 の球状の照明器具の場合，ビジネスホテルという文脈から，宿泊者の層，部屋での要求事項を考えれば，自分の体験を前面に出すのではなく，一歩引いて，セード（照明器具に取り付ける傘状のカバー）が照明器具の要求事項と考えるはずである．

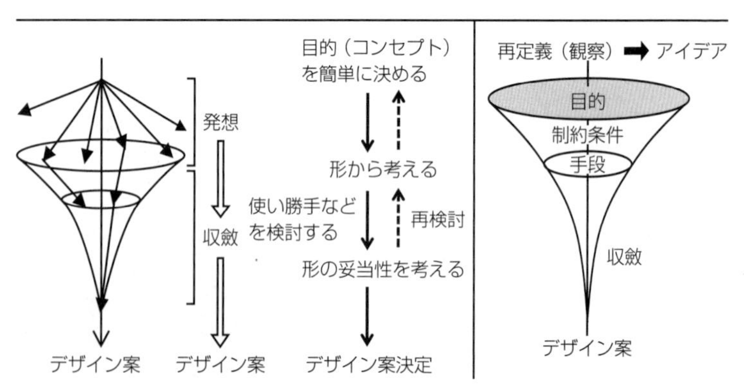

図 2.5　直接，形から検討する場合（左）と汎用システムデザインプロセス活用の場合（右）（図 2.7 参照）

当然，要求事項と造形とのマッチングが大事であるが，その両者のウエイトはコンセプトによって決まる．上記のビジネスホテルの場合，癒やしを優先するならば，このような球状のランプの採用は可能で，パソコン作業は1階のパソコンコーナーで行ってもらうというアイデアが生まれるであろう．

我々が何か行動を起こす場合，必ず目的が発生する．何もしないというのもそれが目的となる．目的を実現するには手段が必要である．手段なくして目的を達成することはできない．たとえば，横浜から京都へ行く場合，京都へ行くのが目的で，その手段としては，新幹線で行くか，夜行バスを使うか，あるいは自分の車で行くなどの選択肢が考えられる．この場合，制約条件であるコストと所要時間から手段が絞られる．

この目的と手段の関係は，我々の行動だけでなく，モノづくりやシステム構築の際にも有効である．ところが製品開発の際，最初に目的を厳密に決めず，開発中にディスカッションによって明確にしている場合が多いのではないかと思う．一般的に，目的地を決めてから船を出港させるが，このような開発方法は，米国という行き先だけしか決めず，どの都市に行くのかは出港後に決めているのと同じである．このような効率の悪いやりかたではなく，インターネットを通して，開発関係者全員で会議を開き，その時点で関係者の目的の合意を得て，一気呵成に開発を推進する必要がある．

2.3 汎用システムデザインのプロセス

汎用システムデザインは，システム設計の方法を参照しつつ，どんなデザイン対象物でも論理的にデザインできるようにした，汎用のシステムデザイン方法である．汎用システムデザインのプロセスは，複雑で検討要素の多いデザイン 3.0 を実践するのに適した方法であると考えている．この汎用システムデザインの構成要素は以下のとおりである（図 2.6）．

① 汎用システムデザインプロセス

② 各種手法（デザインや人間工学などの手法）

③ デザイン項目

汎用システムデザインプロセスは鉄道で言えば一種のレール

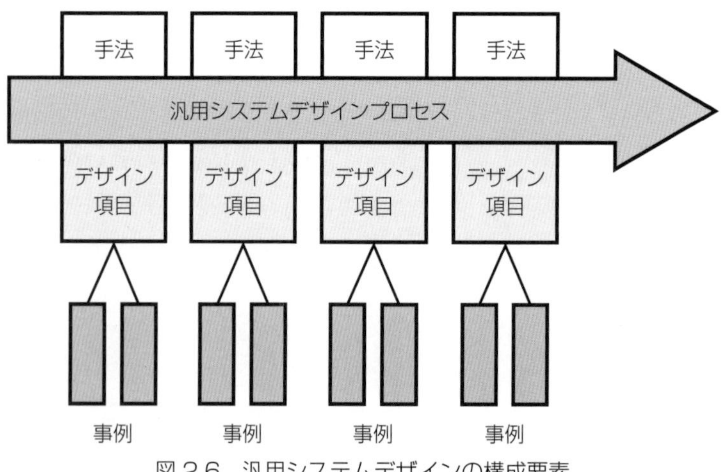

図 2.6　汎用システムデザインの構成要素

に相当し，このレールに従っていけば，目的地まで到達できるというデザイン手順である．各種手法は汎用システムデザインプロセスの各ステップで使われる手法である．各ステップでユーザの意見を集め，可視化や評価を行う．鉄道で言えば，駅で行うべき作業のルール集のような存在である．デザイン項目は，とくに可視化の作業において役に立つデータ集である．

汎用システムデザインプロセスは以下のとおりである（図2.7）．

(1)　企業や組織の理念の確認
(2)　大まかな枠組みの検討
(3)　システムの概要
　①　目的，目標の決定
　②　システム計画の概要
(4)　システムの詳細
　③　市場でのポジショニング
　④　ユーザ要求事項の抽出
　⑤　ユーザとシステムの明確化（仕様書）
　⑥　構造化デザインコンセプト
　⑦　ビジネスモデルの構築
(5)　可視化
　⑧　可視化
(6)　評価
　⑨　評価

基本的には，決めた目的に対して，制約条件を考慮しつつ手段を決め，事前に準備されたデザイン項目を活用してデザイン

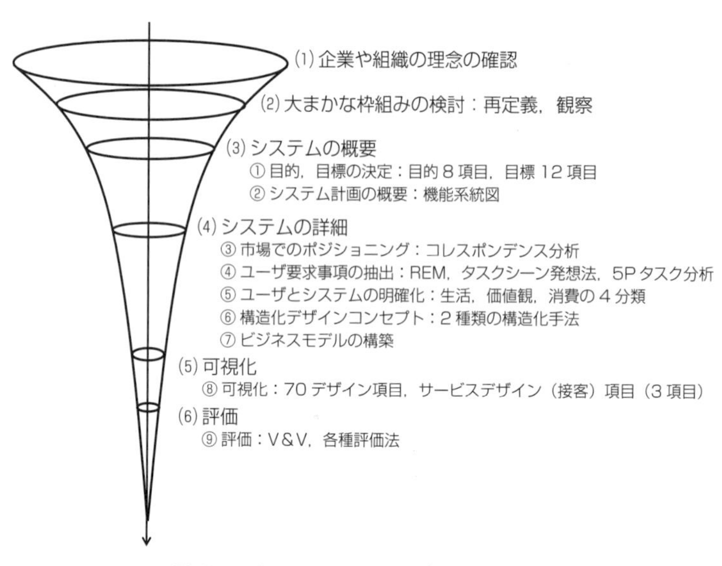

図 2.7　汎用システムデザインプロセス

案をつくるというプロセスである．ただし，必ずしも上記の各ステップに従って行う必要はなく，デザイン対象によって取捨選択すればよい．

3章
発想する

伝統的発想方法と，テーマの本質からアイデアを出す再定義の方法を述べる．

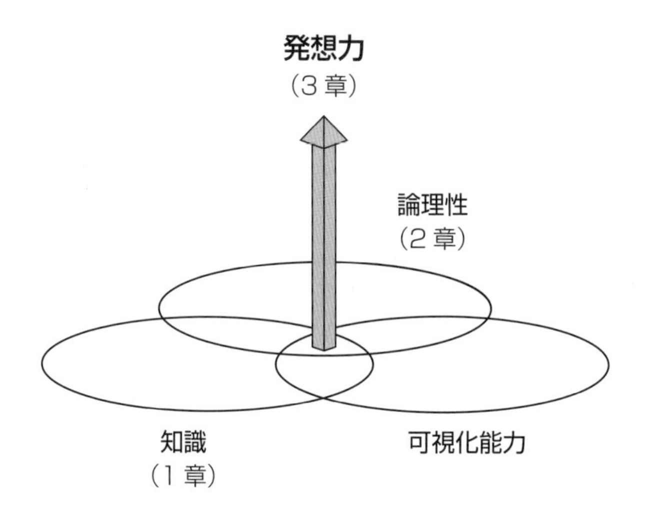

再定義による発想法
　トップダウン的，演繹法的
伝統的発想法
　ボトムアップ的，帰納法的
- ブレインストーミング
- ブレインライティング
- SCAMPER

3.1 発想方法

発想方法として，従来の強制的に思いつくまま発想する方法（伝統的発想法）とモノ・システムの本質からアプローチする方法（再定義）を紹介する．従来の発想法はサンプルを多く考える方法であり，再定義の方法はそのサンプルの共通の性質を探る方法ともいえる（図 3.1）．10 章では記号論で使われているデノテーション（Denotation），コノテーション（Connotation）を使って説明しているが，ここでは論理学でのデノテーション，コノテーションを使って説明する．概念が適用される事物の種類がデノテーションで，その共通する性質がコノテーションである．

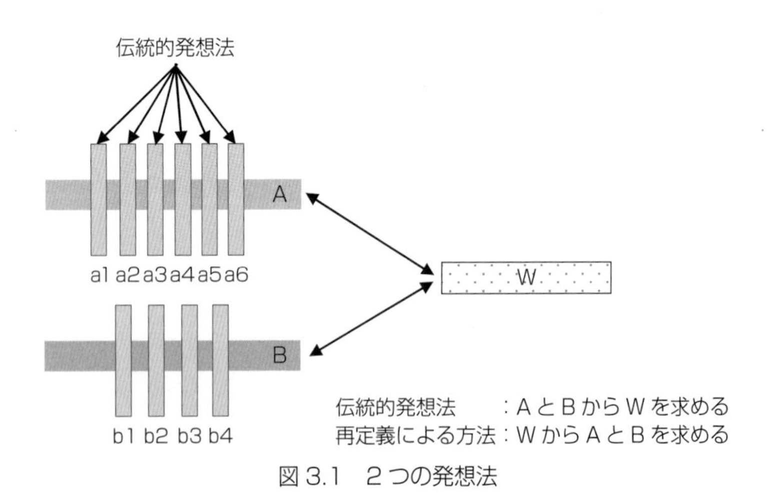

図 3.1　2 つの発想法

3.2　再定義を行う（図 3.2，図 3.3）

〔**目的**〕通常の定義ではなく，別の観点からその本質を定義し，新しい視座を探すこと．

再定義をする方法はいろいろあるが，本書では「通常の定義あるいは見かた」を手段とした場合，その目的は何かと考える．この手段－目的の関係から，この作業を何回か繰り返して，究極の上位概念を求める．さらに，この上位概念を再定義し，その上位概念の反対概念，あるいは，それを変化させた概念でもよい．また，この上位概念を分解して，より具体的なレベルで再定義を求めることもできる．そのとき，何種類かの再定義の項目が抽出されるが，製品やシステムの置かれている文脈やマーケティング上の状況などから最適な項目を選択すればよい．

伝統的発想法はある要求事項に対し，その事例を多く創出す

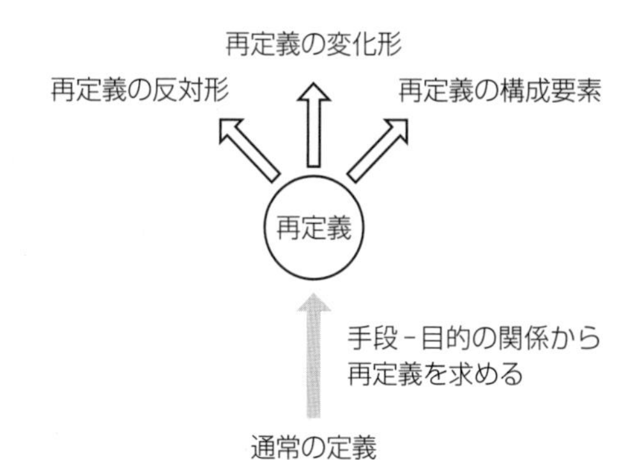

図 3.2　制約条件に基づく新しい発想法（再定義）

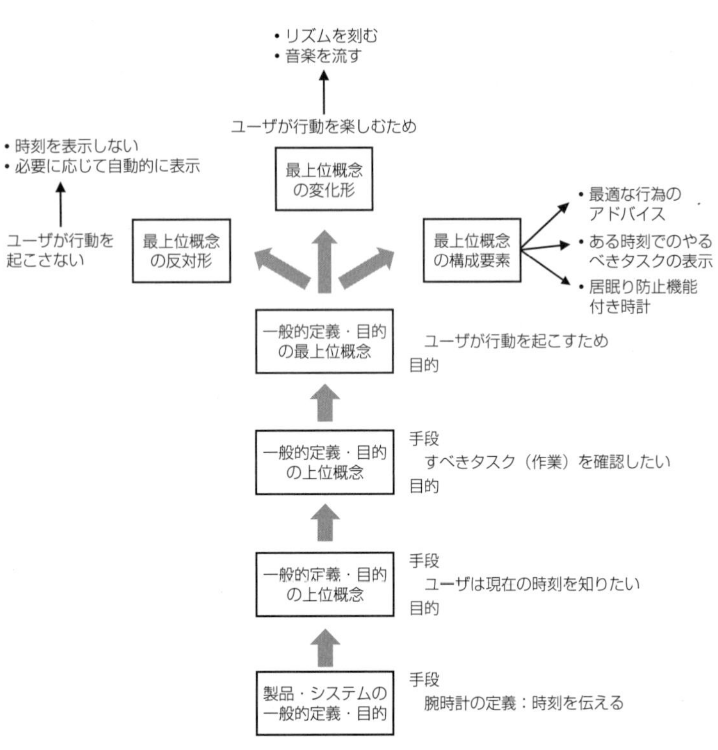

図 3.3　再定義の方法（例：腕時計の場合）

るのに対して，再定義の方法はその要求事項の究極の本質から発想していく方法とも考えられる．

3.3 伝統的発想法（図3.4）

(1) さまざまな発想法

代表的な手法にブレインストーミングやブレインライティングがある．ブレインストーミングはお互いに批評しないで，思いつくままアイデアを言う方法である．

一方，ブレインライティングはブレインストーミングでは言いにくいという場合に，6名程度のメンバーで行う．アイデアを紙に3つ書いて，それを隣のメンバーに渡し，渡されたメンバーはその渡されたアイデアに対し付け加えていき，一巡したら終わりである．

また，SCAMPER[1] という下記のキーワードを使って，強制的に発想する方法がある．

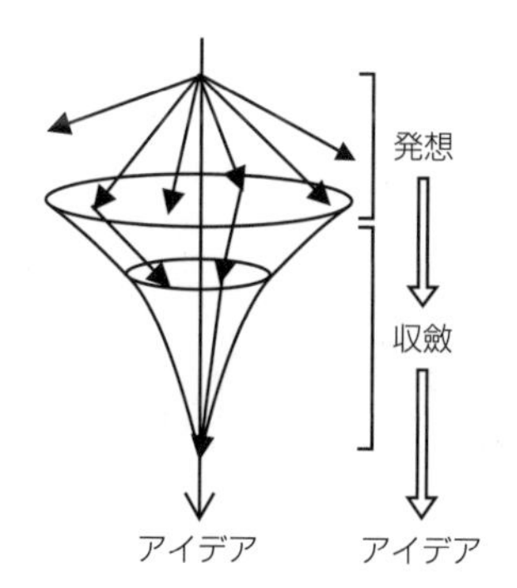

思いつくままアイデアを出し（発想），次に良いアイデアを絞り込む（収斂）

図3.4　伝統的アイデア発想法

① Substitute：置き換えたらどうか？
例：メガネのフレーム（つるのところ）を竹にする
② Combine：組み合わせてみたらどうか？
例：鼻パッドと耳当てを取り替えられるようにする
③ Adapt：類似のものを適用してみたらどうか？
例：花粉対策のためのゴーグルのようなメガネ
④ Modify：変更してみたらどうか？
例：つるのない鼻パッドのみで固定する
⑤ Put other purpose：別の使い道を考えたらどうか？
例：映画館専用メガネ
⑥ Eliminate：削除したらどうか？
例：レンズの周囲を嵌めているリムをなくす．
⑦ Rearrange／Reverse：再編成／逆にしたらどうか？
例：レンズの下部のみをリムで支える

(2) データのまとめ方

得たアイデアは同類の機能ごとにまとめて整理する．これは再定義により発想法の本質を見るのと同じこととなる．

3.4 伝統的発想法と再定義による発想法（図 3.1）

伝統的発想法はボトムアップ的，帰納法的であり，サンプルから本質を求めていく方法ともいえる．一方，再定義による方法はトップダウン的，演繹法的であり，システムの本質を求めて，その例としてサンプルを創出することである．それぞれの方法は状況により選択すればよい．ただ，伝統的発想法の場合，多くのサンプルを出せないとアイデアの本質に迫ることが困難と思われる．再定義の場合，論理的に考えていかねばならないので，難しさはあるが，発想するための道筋（ガイド）があるので，慣れればさまざまなアイデアが出ると考えられる．

参考文献

[1] Mikael Krogerus, Roman Tschäppeler, The Decision Book, pp.34-35, Profile Books Ltd, 2017

4章
システムの概要を決める

この章ではシステムの概要について述べる.

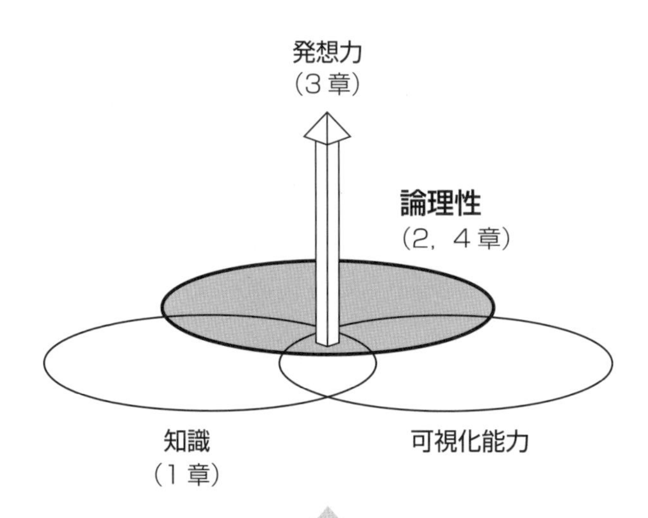

企業や組織の理念の確認
大まかな枠組みの検討
目的，目標の決定
システム計画の概要
(1)人間と機械・システムとの役割分担
(2)制約条件の検討
①社会・文化・経済的制約，②空間的制約，
③時間的制約，④製品・システムにかかわる制約，
⑤人間にかかわる制約（思考，感情，身体）
製品・システムの構成要素の特定と構造化

4.1　企業や組織の理念の確認（図 4.1）

〔目的〕製品やシステムの開発の方向性を最初に確認するため，デザインを行う前に企業や組織の理念をチェックする．

知っていて，わかりきったことであれば，行う必要はないが，新規の製品・システムを開発する際は，企業や組織の理念を確認する．たとえば，製造メーカが不動産や農業ビジネスに乗り出す場合などである．場合によっては，定款を変える必要も出てくる．また，組織として，理念の確認をつねに行うマインド

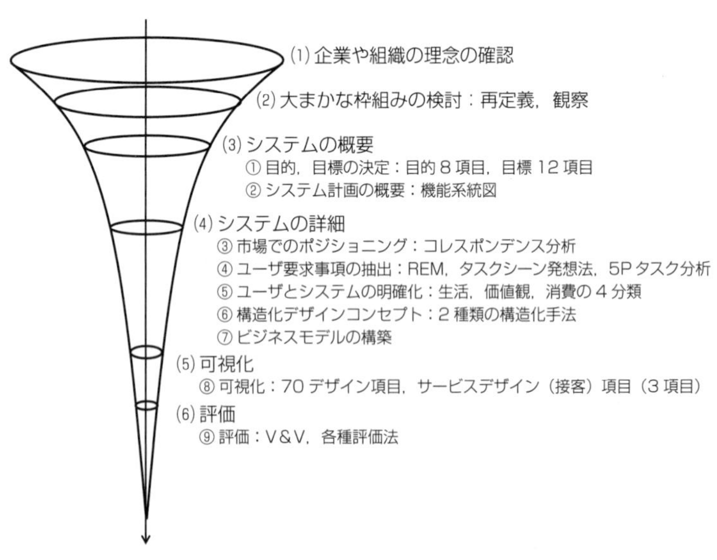

図 4.1　汎用システムデザインプロセス（図 2.7 を再掲）

づくりが必要である．つまり，理に反した目的を持つ製品をつくらないことである．

以上の考えかたをさらに進めたのが，近江商人の「三方よし」の理念である．これは「売り手よし，買い手よし，世間よし」，売り手だけが儲かればよいということではなく，買い手も満足し，商いを通じて地域社会に貢献するという考えかたである．

4.2 大まかな枠組みの検討（図 4.1）

観察は 5.2 節「ユーザ要求事項の抽出」で，再定義は 3 章で説明しているが，基本的にはどのステップでも必要に応じて活用すればよい．再定義をこのステップで紹介するのは，最初の段階で製品開発のある程度のベクトルを検討したほうがよいからである．

(1) 開発のベクトルを出す

3 章で紹介した再定義を用いて，製品やシステムの開発のベクトルを出す．伝統的発想法を活用してもよい．

(2) 制約条件と成立条件を検討する

〔目的〕デザインする対象にかかわる制約条件と成立条件を確認することにより，デザインする範囲を明確にする．

デザイン対象範囲をあいまいにしたまま進めると，検討範囲が広がり，検討漏れが発生する可能性が高くなる．そのため，現状の製品やシステムの観察，関係者へのインタビューやさまざまな文献調査などを行い，大まかな枠組みを検討する．また，同時に制約条件も明確にする．

世の中にある新しいシステムは，既存のシステムをベースに積み重ねで開発されたものが大部分であろう．天才が思いついたまったく新しいシステムというのは，あるかもしれないが，あまり聞いたことがない．たとえば，燃料電池自動車は蒸気自動車，ガソリン自動車を経て，開発されている．

したがって，従来にない新しいシステムを開発する際は，お手本がないので，代わりに既存のシステムを観察，体験することによって，ある程度その基本方針の策定などの大枠を推測する．

4.3 目的，目標の決定（図 4.1）

〔**目的**〕目的，目標を定めることにより，製品・システムのベクトルを明確に定める．

再定義した大まかな方針に基づいて，目的，目標を決め，それからシステムの概要を固める．

(1) 目的，目標とは

企業や組織の理念を確認し，ある程度絞り込んだ大まかな枠組みに基づいて，目的，目標を決定する[1].

① 目的
- 実現しようとする機能的事項を意味する.
- 抽象的，定性的視点から取りまとめる.

② 目標
- 目的から求められる性能であり，評価基準である.
- 具体的，定量的視点から取りまとめる.

(2) 目的を決める

5W＋1H＋1F（function)＋期待の８つの視点に基づいて，目的を決定する.

① 誰が
② 何を
③ いつ
④ どこで
⑤ なぜ
⑥ どうやって
⑦ 機能は
⑧ 期待は

ユーザは想定システムに対してどのような期待を持つのか，検討する．必要に応じて，これらの項目を決めればよい．全部書く必要はない.

⑶ 目標を決める

下記の12項目のうち，必要な項目を使って，目標を明確にする．

① 機能性：特徴や優れている点を検討する
② 信頼性：従来並みか，それ以上か，検討する
③ 拡張性：システムの拡張性を検討する
④ 効率性：効率性の程度を検討する
⑤ 安全性：安全性の範囲と程度を検討する
⑥ ユーザビリティ：対象者と操作性の程度を検討する
⑦ 楽しさ：楽しさの程度を検討する
⑧ 費用：機能性，安全性などに対して，費用を検討する
⑨ 生産性：生産性の程度を検討する
⑩ メンテナンス：従来どおりか，新しいやりかたか，検討する
⑪ 組織：どのような組織にするのか検討する
⑫ 人的資源：モチベーション，知識量，経験などを検討する

4.4 システム計画の概要（図4.1）

〔目的〕 目的と目標に基づいて，大まかなシステムの境界を定めることである．

(1) 人間と機械・システムとの役割分担

目的と目標に基づき，人間と機械の仕事の分担を決める．

どこまでを人間が行うのか決めることであるが，自動化がすべて良いとは限らない．たとえば繁華街の飲食店などで，自動ドアではなく，スイッチにタッチして開けるドアをよく目にする．これは，自動式にしてしまうと前を人が通るたびにドアが開いてしまうからである．つまり，この場合は，お店全体を良好な状態にするために，人間と機械の役割分担を変えて，人間であるお客に多少の負担をしてもらっている．この人間と機械との役割分担は非常に重要な作業であり，この割り当てにより機械やシステムの概要が大幅に変わることもある．

(2) 制約条件を検討する

制約は「システムあるいはその上位項目から下位項目を決める際に必要となる制限や検討範囲（枠組）」[1]であり，制約条件は「システムあるいはその上位項目から下位項目を決める際にそれに係る検討範囲（枠組）を限定する条件」[1]と定義される．

我々は空間内，時間軸上で，思考し，道具・機械・システムを介して行動し，目的を達成している．制約条件なしで発想したほうが良いアイデアが生まれると言われるが，厳密に考えると，発想するときは制約という枠組みを考えているはずである．それが広い場合（弱い制約条件）と狭い場合（強い制約条件）があるに過ぎない．たとえば，自動車を考える際，広い枠組みで考えれば空飛ぶ自動車を発想できるだろうが，非常に狭い枠組みならば，がんじがらめで，既存の自動車とあまり変わらなくなるだろう．効率よく発想するには，この制約条件を積極的に取り入れていくのがよい．主に以下の5項目が我々の思考，行動に制約を与えていると考えられる．

① 社会・文化・経済的制約

社会が我々に与えている制約である．たとえば，国，地域により忌避色があり，強い制約条件となっている．

② 空間的制約

空間あるいはそれに含まれる要素から受ける身体的および精神的な制約である．エドワード・T・ホールの提唱するパーソナルスペース（Personal-space：自分の周囲に他人が来ると不快に感じる空間）は強い制約条件となる．

③ 時間的制約

時間による制約である．航空機に乗るときの搭乗時間は，強い制約条件であろう．

④ 製品・システムにかかわる制約

製品やシステムの持つ機能を中心とした属性による制約である．製品やシステムの構成要素には有用性（Useful），利便性（Usable），魅力性（Desirable）の3要素がある．これらは強い制約条件となる場合がある．たとえば，使用経験が無かったり，操作が難しい機器などの場合，メンタルモデルが操作する上での強い制約条件となる．

⑤ 人間にかかわる制約（思考，感情，身体）

思考や感情，身体運動などによる制約である．HMI（Human Machine Interface：人間－機械系）に限れば，以下の身体的側面と頭脳的側面の各3項目を検討する．

- 身体的側面：位置関係（姿勢），フィット性，トルク

• 頭脳的側面：メンタルモデル，見やすさ，わかりやすさ

デザインを行う際，上記の5項目を活用して制約条件を明確にする．この作業が不十分なまま進めると，デザイン開発の途中で気がつき，やり直しとなる可能性が高い．

(3)　製品・システムの構成要素の特定と構造化を行う

製品・システムの構成要素と，その階層構造を明確にする．そのためには，機能系統図（図4.2）の「目的→手段」の関係から，想定している機能を分解して，構成要素を抽出する．まず，最上位機能を決め，この機能を実現するための必要な手段を考える．次にこの手段の機能を目的としたときにはどのような手段が必要か，「目的→手段」の関係から分解していく．こ

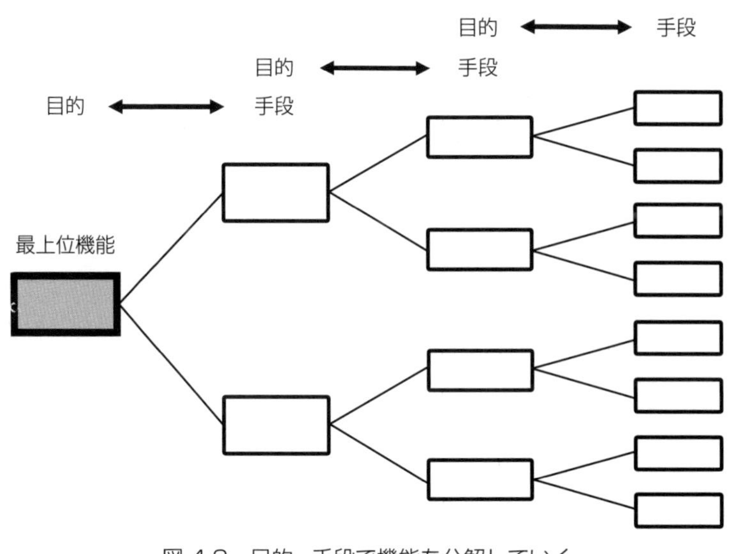

図4.2　目的-手段で機能を分解していく

の分解作業を繰り返して最終の具体的な機能を求める．この作業とは逆に，「手段→目的」の関係に基づいて，構成要素から上位機能を決めることもできる．それぞれの機能の表現方法のポイントは以下のとおりである[2]．

① 名詞＋動詞の組み合わせで，抽象化した表現にする

② 形容詞，副詞などの修飾語を使わず，否定文にしない

4.5 まとめ

以上，①企業や組織の理念の確認，②大まかな枠組みの検討，③目的，目標の決定，④システム計画の概要（役割分担，制約条件，構成要素）について述べたが，表4.1にポイントをまとめた．

表 4.1　システムの概要を決める

企業や組織の理念の確認	
大まかな枠組み	デザイン対象の範囲を明確化 （概略の制約条件と成立条件）
目的，目標の決定	目的：①誰が，②何を，③いつ，④どこで，⑤なぜ， ⑥どうやって，⑦機能は，⑧期待は
	目標：①機能性，②信頼性，③拡張性，④効率性， ⑤安全性，⑥ユーザビリティ，⑦楽しさ， ⑧費用，⑨生産性，⑩メンテナンス， ⑪組織，⑫人的資源
人間と機械・システムとの役割分担	人間： 機械・システム：
制約条件	①社会・文化・経済的制約 ②空間的制約 ③時間的制約 ④製品・システムにかかわる制約 ⑤人間にかかわる制約（思考，感情，身体）
製品・システムの構成要素の特定	

参考文献

[1] 大村朔平，システム思考入門，pp.51-63，悠々社，1992
[2] 手島直明，実践 価値工学，pp.43-45，日科技連出版社，1993

引用文献

1 山岡俊樹編著，サービスデザイン，p.53，共立出版，2016

5章
システムの詳細を決める

4章で示したシステムの概要に基づいて，システムの詳細を決める方法を紹介する．

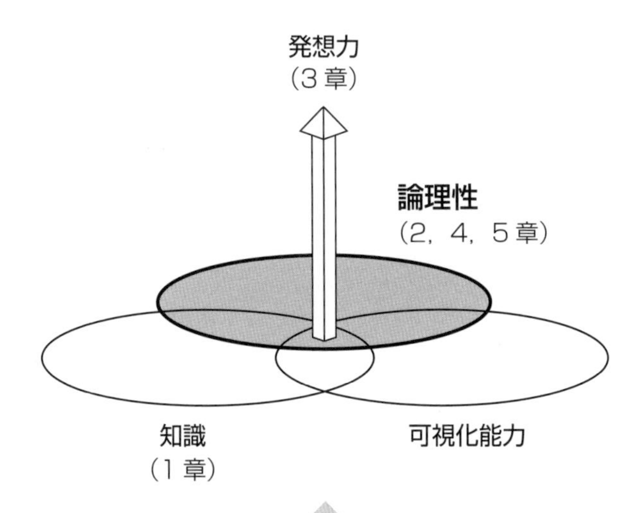

⑴市場でのポジショニング
2軸で評価，コレスポンデンス分析
⑵ユーザ要求事項の抽出
①観察方法
マクロ的視点，ミクロ的視点，間接観察法
②インタビュー方法
アクティブリスニング法，評価グリッド法
③タスクに注目した方法
3Pタスク分析，5Pタスク分析，タスクシーン発想法
④システムに注目した方法
REM

場合によっては，このシステムの詳細で得た情報を優先して，システムの概要，たとえば目的や目標などを変えることもありうる．

システムの詳細では，以下の項目を検討する．

① 市場でのポジショニング
② ユーザ要求事項の抽出
③ ユーザとシステムの明確化（仕様書）（6 章で示す）
④ 構造化デザインコンセプト（6 章で示す）
⑤ ビジネスモデルの構築（6 章で示す）

5.1 市場でのポジショニング

ポジショニング（状況把握）とは，アンケートやインタビューで同業他社の製品やサービスの状況を調べ，自社の置かれている状況を把握することである．下記の 2 つの手法を紹介する．

(1) 2 軸で評価する

〔目的〕 2 つの評価軸で市場での競合相手の動向を調べる．

商品の 3 要素である有用性，利便性，魅力性から，その商品やサービスに関係の深いキーワードを選ぶ．

① 有用性：主に機能面の項目

② 利便性：主にユーザビリティ（使いやすさ）に関する項目
③ 魅力性：魅力にかかわるデザイン，ブランドなどの項目

ターゲットユーザの購買に影響を与える2つのキーワードで5段階評価のアンケートを行う．

たとえば，アナログ表示の目覚まし時計の場合，機能性→正確さ，利便性→操作性，見やすさ，魅力性→デザインなどが考えられる．そこで，横軸を「操作性」（良い，悪い），縦軸を「デザイン」（良い，悪い）として，直感で布置するか，アンケートの平均値を布置する（図5.1）．

3つ以上のキーワードの場合，2つの組み合わせで軸をつくり，同様の作業を行えばよい．

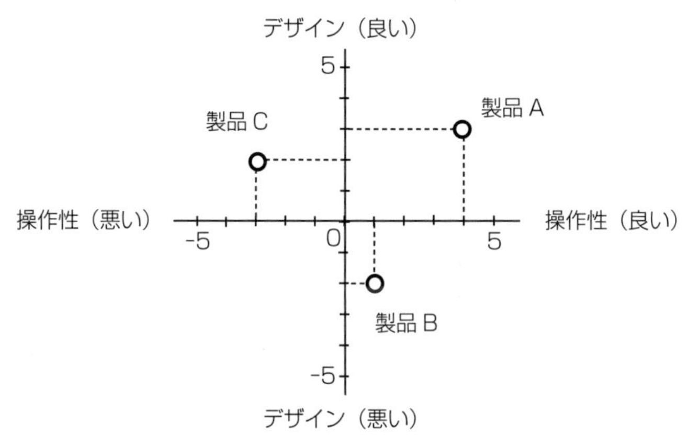

図5.1　2つの評価軸から状況を把握する

(2) コレスポンデンス分析をする[1]

〔目的〕 前項で述べた2軸による評価方法よりも，より厳密に深く市場での競争相手を調べたい場合に，コレスポンデンス分析（Correspondence Analysis）とクラスター分析を活用する．

コレスポンデンス分析は，調べたい2つのパラメータの関係の強さを2次元座標上に可視化する手法である．パラメータとしては，オブジェクト（製品，サービスなど）とそれらの評価項目がよく使われる．

手順は以下のとおりである（図5.2）．

① 実験協力者（ターゲットユーザ）にアンケート調査を行う．マトリックスの列頭（いちばん左側の列）と行頭（いちばん上の行）に評価したいオブジェクトと評価項目を並べる．

② 実験協力者は，各オブジェクトに対して，該当する評価項目に○をつける．この作業は全実験協力者が行う．

③ この結果を集計したマトリックスのデータに対し，専用のソフトウェアを使ってコレスポンデンス分析を行う．この分析により，オブジェクトと評価項目が2次元座標上に布置される．

オブジェクトと関係の強い評価項目が近くに布置される．しかし，3次元以上の空間に布置されたデータを上から見た2次元の平面で示されるので，近いからといって必ずしも近い関係であるとは言えないので注意する．これを明確にするためには，3次元以上の空間に布置されたデータをクラスター分析によりグループ化するのがよい．クラスター分析とは，簡単に言えば，多次元上での距離の近いもの同士をグループにする方法である．

	シャープな	複雑な	ソフトな	精緻な
腕時計 A	○			○
腕時計 B		○		○
腕時計 C	○		○	

	シャープな	複雑な	ソフトな	精緻な
腕時計 A	17	4	4	15
腕時計 B	6	11	2	7
腕時計 C	4	5	13	4

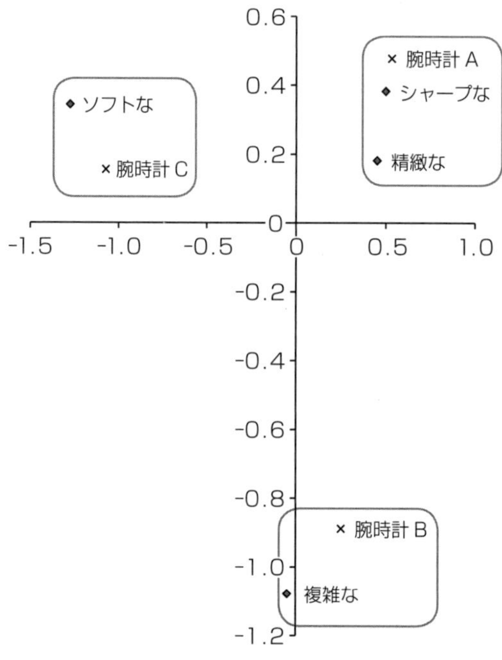

図 5.2　コレスポンデンス分析

布置されたオブジェクトと評価項目の各位置に対して，原点からの方向がパターンを示し，それぞれと原点を結んだ線がなす角度が関係の強さを示す．各位置から原点までの長さは評価項目の極端さを表す．したがって，特徴のない評価（すべて高評価，すべて低評価など）の場合，そのオブジェクトは原点の近くに布置される．

5.2 ユーザ要求事項の抽出

〔目的〕 ユーザ要求事項を抽出するさまざまな手法を知る．

ユーザの要求事項を抽出するために，①観察方法，②インタビュー方法，③タスクに注目した方法，④システムに注目した方法について述べる．

① 観察方法

直接観察法，間接観察法

② インタビュー方法

アクティブリスニング法，評価グリッド法

③ タスクに注目した方法

3P（スリーポイント）タスク分析，5P タスク分析，タスクシーン発想法

④ システムに注目した方法

REM（Hierarchical Requirements Extraction Method）

タスクシーン発想法は，さまざまなシーンにおける基本的なタスクの流れに対して，シーズやサービスが商品化できるか調べる方法である．

REMは製品・システムの問題点から，その根本原因と究極の目的を求める方法で，製品やシステムの本質的な価値を求めることができる．

5.3 観察方法

〔目的〕直接観察法（マクロ的視点，ミクロ的視点）と間接観察法による観察方法を知る．

直接観察では，マクロ→ミクロ→人間の順で観察を行う[2]．

(1) マクロ的視点から観察する

俯瞰的視点（社会の潮流）から見ていくことである．

1)　歴史的視点から見る

我々がかかわるさまざまなシステムは，急にできたものではなく，歴史の流れの上に成立していると理解できる．たとえば，椅子は古代からあったが，そのときの文化的背景や技術により，形態や機能が決まったといえるだろう．

2)　環境面から見る

環境が我々の行動や心理にどのような影響を与えているの

か観察する．たとえば，レストランのトイレに置かれているきれいな花から，オーナーの心遣いを察することができる．

3) 運用面を観察する

HMI（Human Machine Interface）やサービスを，運用する側面から観察する．運用面の特性，問題点を知ることにより，システムを改善することができる．また，関係者間で情報が共有されているか，メンテナンスや収納ができるようになっているか調べる．

4) 痕跡を観察する

ユーザが行った操作や行動は，必ず何らかの痕跡を製品やシステムに残す．この痕跡を観察することにより，ユーザの操作や行動の特徴をつかむことができる．痕跡は，実験室では得るのが困難なユーザの時間軸での履歴情報を含んでいる．たとえば，電車のシートに残ったくぼみから，乗客がどのようにして座っていたのかがわかる．

(2) ミクロ的視点から観察する

人間とシステムやサービスとのかかわり合い，やり取りを観察する．

1) 基準の動作との差異を観察する

観察の本質は，さまざまな基準との差異を見つけることである．さまざまな基準とは，人間の基準（たとえば，コップのサイズは，片手で保持するため，手のサイズが基準となる），デザイナーのつくった基準（たとえば，こうやって使ってほしいなどの使用基準）などである．これらの基準との差異を観察して，問題点を抽出する．ユニバーサルデザインの観点からも同様に考えることができる．

2)　ユーザの行為や作業の流れを観察する

　ユーザの行為や作業の流れを観察することにより，さまざまな問題点を得ることができる．流れを調べる方法として，操作するボタンなどを操作順に線で結び，交差するところや複雑な箇所を調べるリンク解析がある．リンクをより単純にすることにより，操作性を改善させることができる．

3)　サービス提供者と顧客とのやり取りを観察する

　サービス提供者と顧客とのやり取りを，①気配り，②適切な対応，③態度の流れで観察し，問題点を抽出する．

①　気配り　　　：共感，配慮
②　適切な対応：迅速，柔軟，正確，安心，平等
③　態度　　　　：共感，信頼感，寛容

　サービス提供者は顧客の状況を把握するために気を配り，必要に応じて対応を行う．その際，サービス提供者は表情，身ぶり，言葉などを使い，共感，信頼感を態度として表出させる．

4)　70デザイン項目の視点から観察する

　70デザイン項目（9章参照）は，人間－機械系を構築するのに必要な知識である．この項目を活用して観察する．

(3)　間接観察法について

　センサなどを使ってデータを採取し，間接的にユーザの行動を観察する方法である．間接観察は人間による直接観察よりも情報量が少ないので，状況を把握するのは難しい場合が多い．したがって，ある特定の観察テーマに関し，長時間の観察が必

要な場合以外は，直接観察のほうがよいだろう．

5.4 インタビュー方法

(1) アクティブリスニング法[3]

〔目的〕 この方法は実験協力者の回答に対し，相づちを打ち，復唱することによって，お互いに理解を深め共感を得て，結論を導きだす．

この方法は，ユーザの本音を探ることができるので，商品開発やサービス開発に活用される．実験協力者が回答したポイントは，グループ化し，問題点や要求事項として整理する．

以下にその例を示す．

実験協力者：「このカメラのボタンは押しにくいのです」
実験者　　：「ほう，押しにくいのですか」
実験協力者：「とくに，ボタンのサイズが小さいからです」
実験者　　：「確かに，ボタンのサイズが小さいと押しにくいですよね」

(2) 評価グリッド法[4]

〔目的〕 商品などに対するユーザの価値観を得ることが目的である．

調査対象の商品に対するユーザのコメントの理由を何回も聞いていく．その手順を以下に示す（図 5.3）．

① 提示するサンプルは実物かカタログなどを用いる．

② 実験協力者は評価サンプルに対する主観評価（たとえば，5段階評価）を行う．

③ 最も良い評価をしたサンプルとそれ以外の低い評価をしたサンプルとの差の理由（評価基準）を聞いていく．

「なぜ，このサンプルが良いのですか？」などと聞くことにより，その理由（評価基準）の上位概念を求めることができる．この「なぜ」の問いかけを3～4回行う．たとえば，

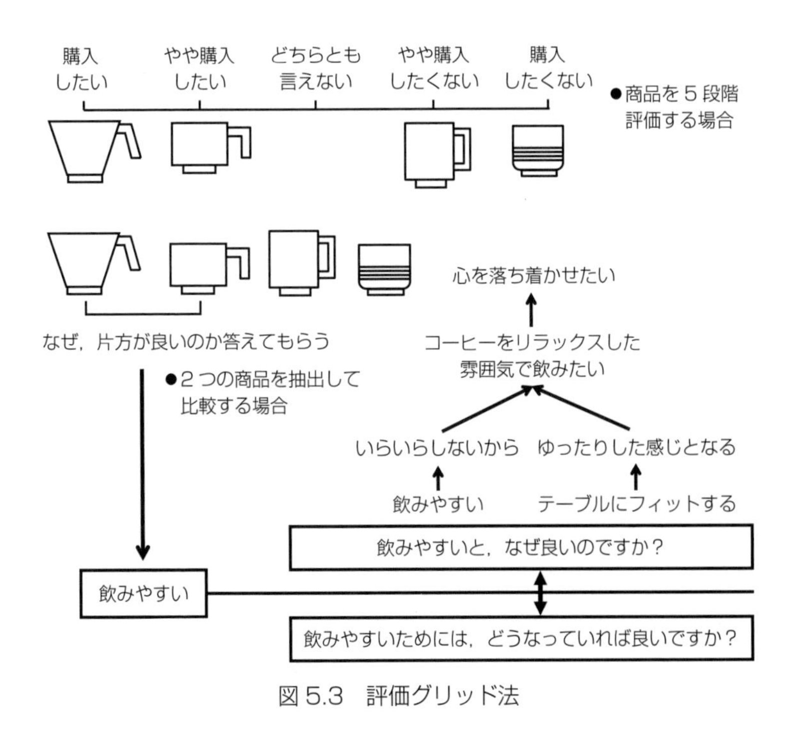

図 5.3　評価グリッド法

腕時計について「形状がオーソドックスで精緻なイメージがする」という回答があり，なぜそのイメージが良いのか聞くと「時刻表示が正確で信頼感がある」と評価理由が述べられた場合は，「時刻表示が正確で信頼感がある」が腕時計の成立条件の一つになる．このように質問をしていくことをラダーアップという．

④　評価理由を聞いた際，可能ならば，それを実現するための手段も聞く．つまり，「どうすれば，そうなるのか」を聞く．このように下位概念を聞くことをラダーダウンという．

⑤　全体を3～4階層にして，各階層で同じ表現のところは一体化し，構造図を作成する．

⑥　構造図から要求事項を抽出する．

別の方法として，評価サンプルから2つを選択して，すべての組み合わせに対し，前述のように理由を聞いていく方法もある．聞く回数が多くなるが，評価は容易になる．

5.5 タスクに注目した方法

タスク分析は，ユーザの行うタスク（Task，課業）に関するさまざまな問題点を抽出する方法である．タスクはジョブ（Job, 仕事）の構成要素である．タスクはサブタスク（Subtask）に分割され，サブタスクは一つ一つの動作であるモーション

（Motion）より構成される.

(1) 3P タスク分析[5]

〔目的〕主に人間－機械系の操作画面に関するタスクの問題点を抽出するのが目的である.

3P タスク分析（表5.1）は，ユーザの行う作業について，人間の情報処理プロセスの「情報入手」「理解・判断」「操作」の3つの観点（ポイント）から，予測される問題点を抽出する手法である．主に人間と機械やシステムとのやり取りに焦点を絞って問題点（要求事項）を抽出する．手順は以下のとおりである.

1)　シーンの特定

どのようなところで使われるかシーンを決める.

2)　タスク（場合によってはサブタスク）の特定

作業の基本タスクか調べたいタスクの流れを決め，左の欄に各タスクを書いていく.

3)　問題点の抽出

タスクに対して，「情報入手」「理解・判断」「操作」の3つの観点（ポイント）から，以下に示す手がかりを活用して，問題点を抽出していく.

＜情報入手＞

①　最適なレイアウトになっているか

②　見やすいか

③　重要な情報は強調されているか

④　必要情報（手がかりや表示）があるか

表 5.1　3P タスク分析

<table>
<tr><td colspan="3">シーン：デジタル表示の目覚まし時計でアラーム時刻を設定し，使う</td></tr>
<tr><td rowspan="4">タスク</td><td>問題点の抽出</td><td>解決案</td></tr>
<tr><td><情報入手>
①最適なレイアウトになっているか
②見やすいか
③重要な情報は強調されているか
④必要情報（手がかりや表示）があるか
⑤マッピング（対応付け）がなされているか</td><td rowspan="2">• 現実的解決案</td></tr>
<tr><td><理解・判断>
①意味不明な用語や表現があるか
②アフォーダンスになっているか
③表示や操作などが紛らわしいか
④フィードバックがあるか
⑤手順がわかりやすいか
⑥一貫性を持っているか
⑦ユーザのメンタルモデルと合っているか</td></tr>
<tr><td><操作>
①身体的特性と一致しているか（最適な作業姿勢，操作具とのフィット性，最適な操作力）
②時間がかかるなど面倒か</td><td>○近未来的解決案</td></tr>
<tr><td rowspan="2">アラーム時刻を設定する</td><td rowspan="2">手がかりがないので，どのボタンを押したらよいのかわからない</td><td>• 本体に操作表示を示す</td></tr>
<tr><td>○音声指示にする</td></tr>
<tr><td>時刻を見る</td><td>時刻を示す数字の形状が見にくい</td><td>• 自由度の高い数字にするため，表示ドット数を増やす</td></tr>
<tr><td rowspan="2">アラーム音を止める</td><td rowspan="2">指が当たるストッパーの幅が狭く，押しにくい</td><td>• 指にフィットするようにデザインする</td></tr>
<tr><td>○音声により，アラーム音を止める</td></tr>
</table>

⑤　マッピング（対応付け）がなされているか

<理解・判断>

①　意味不明な用語や表現があるか

②　アフォーダンスになっているか

③　表示や操作などが紛らわしいか

④　フィードバックがあるか

⑤　手順がわかりやすいか

⑥　一貫性を持っているか

⑦　ユーザのメンタルモデルと合っているか

<操作>

①　身体的特性と一致しているか（最適な作業姿勢，操作具とのフィット性，最適な操作力）

②　時間がかかるなど面倒か

4)　解決案の記述

問題点の解決案（ユーザ要求事項）は右の欄に記述する．この欄の上側には現実的解決案，下側には近未来的解決案を書く．近未来的解決案は研究部門の研究テーマにもなる．

(2)　5P タスク分析[6]

〔目的〕 主に，人間－機械系を中心にしたシステム，サービスの問題点や要求事項を抽出するのが目的である．

5つのポイントからシステム，サービスの問題点や要求事項を抽出する方法である．5つのポイントとは，人間－機械系の5つの側面，1)身体的側面，2)頭脳的側面，3)時間的側面，4)環境的側面，5)運用的側面である．これらから，タスクに対

表 5.2　5P タスク分析

<table>
<tr><td colspan="6">シーン：レストランで食事をする</td></tr>
<tr><td rowspan="2">タスク</td><td>身体的側面</td><td>頭脳的側面</td><td>時間的側面</td><td>環境的側面</td><td>運用的側面</td></tr>
<tr><td>①姿勢
②操作力
③フィット性</td><td>①見やすさ
②わかりやすさ
③メンタルモデル</td><td>①作業時間
②休息時間
③反応時間</td><td>①温度・湿度
②照明
③騒音・振動</td><td>①方針
②共有化
③動機付け</td></tr>
<tr><td>入店する</td><td colspan="5">• 顧客が入店したら，その情報をサービス提供者が共有して，即時に対応するシステムにする
• 環境的側面に関して，快適なレベルを保持する</td></tr>
<tr><td>案内されて座席につく</td><td colspan="5">• 椅子の顧客とのフィット性が確保されている</td></tr>
<tr><td>タブレットで注文する</td><td colspan="5">• 顧客のメンタルモデルに対応したタブレットのメインインタフェース
• 顧客がタブレットを使えないときの対応がなされている
• 環境的側面に関して，快適なレベルを保持する</td></tr>
<tr><td>食事をする</td><td colspan="5">• サービス提供者は料理の説明をする
• 環境的側面に関して，快適なレベルを保持する</td></tr>
<tr><td>会計をする</td><td colspan="5">• 顧客を待たせないようにする
• 顧客に必要な情報（ポイントなど）を述べ，現金の他，クレジットカードなどにも対応できるようにする</td></tr>
</table>

して要求事項（あるいは問題点）を求めていく（表 5.2）.

1)　身体的側面

①姿勢，②操作力，③操作部とのフィット性

2)　頭脳的側面

①見やすさ，②わかりやすさ，③メンタルモデル

3)　時間的側面

①作業時間，②休息時間，③機械側からの反応時間

4)　環境的側面

①空調（温度，湿度），②照明，③騒音・振動

5）　運用的側面

①組織の方針，②情報の共有化，③動機付け

(3)　タスクシーン発想法[7]

〔目的〕 時間軸上の各タスクに対して，デザイナーやプランナーがアイデアを発想するのを目的とする．

伝統的発想法としては，思いつくまま発想するとか，簡単なフレームを使って発想する方法が多く提案されている．このタスクシーン発想法は，想定する生活時間軸上の各タスクに対して，アイデアを発想する方法である（表5.3）．あるシーズ（技

表5.3　タスクシーン発想法の活用例[1]

生活軸：「記録する」を生活のなかで活用する			
時間軸	タスク	要求事項	アイデア
	起床する	•起床時刻，睡眠時間を記録する	•手帳などにメモする
	朝食をとる	•ラジオのニュースを聞きながら，あるいはテレビのニュースを見ながら朝食をとる	•付箋紙に記入するか，録画する
	出勤途中	•ビジネスに関連する情報を見つけた	•カメラで撮影する
	業務中	•電話での会話の記録をつける •伝言を頼まれる	•手帳に書く •専用の付箋紙に記入し，専用のノートに貼る •伝言用の付箋紙に書く
	会議 打ち合わせ	•会議や打ち合わせの記録をする	•パソコンに記録する •手帳に書く •専用の付箋紙に記入し，専用のノートに貼る

術）や製品の活用方法を考えるのに最適である．

人間が絡んでいるので，基本的に日常，非日常の生活系で分けて発想していく．分類は以下のとおりである．

- 日常生活系　：家庭軸，オフィス軸，通勤軸，公共環境軸
- 非日常生活系：旅行軸，出張軸，イベント軸

それぞれの生活系で，さらに細分化できる軸があれば，それを使って詳細に検討することもできる．日常生活系と非日常生活系で，幅広く，網羅的にチェックできる．そのため，ブレインストーミングと違って，検討漏れが少ないのが特徴と言える．以下にその手順を示す．例として，液晶の使い道を考えてみる．

① 日常生活系か非日常生活系，あるいは両方のタスクを書く．
　例：起床する

② そのタスクに関係する要求事項を決める．
　例：起床する→起床時間を教える

③ その要求事項に対して考えているシーズ（技術）を適用したアイデアを書いていく．
　例：起床する→起床時間を教える→液晶で起床時間を天井などに投影する

この方法は，生活全般を網羅的にチェックできるので，一人で行っても偏らずにアイデアが出せるのが特徴である．

5.6 システムに注目した方法：REM[8]

〔目的〕この方法はサービスや製品，システムの問題点から究極の目的と根本原因を探るのを目的とする．

REM（Hierarchical Requirements Extraction Method）は，サービスを受けたときや製品・システムを操作したときに，悪いと感じた事項を手掛かりに，その究極の目的と根本原因を求めることができる方法である．根本原因を変換すれば，要求事項になる．その手順を以下に示す（図5.4）．

(1) 究極の目的を探る

① 問題点を抽出する．
観察によるサービス上の問題点，チェックリストおよびプロトコル解析などによるユーザビリティ上の問題点を書く．

② 問題点に対し解決案を書く．

③ 解決案に対し，手段と目的の関係から，解決案を手段としたときのその目的を書く．

④ 手段と目的の関係から，目的を何回も求めていき，抽象化された飽和状態まで書くと，究極の目的を得ることができる．

(2) 根本原因を探る

① 問題点に対し，結果と原因の関係から，問題点を結果として，その原因を求める．

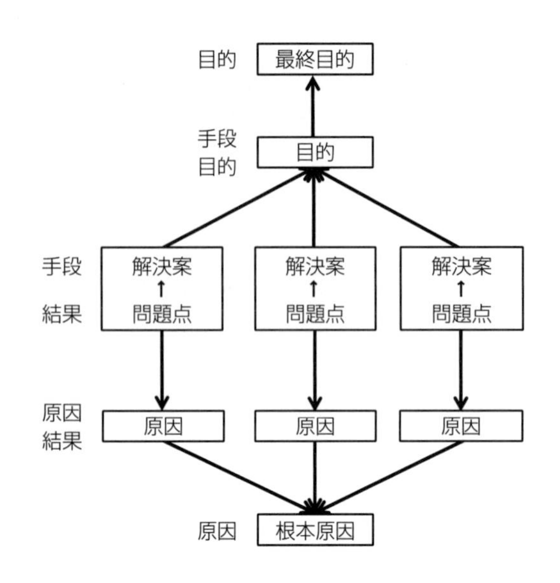
目的
最終目的
手段
目的
目的
手段
結果
解決案
↑
問題点
解決案
↑
問題点
解決案
↑
問題点
原因
結果
原因
原因
原因
原因
根本原因

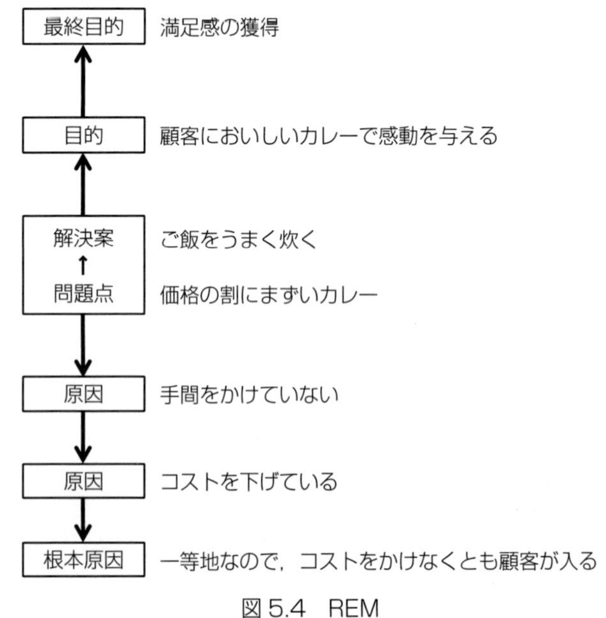
最終目的
満足感の獲得
目的
顧客においしいカレーで感動を与える
解決案
↑
問題点
ご飯をうまく炊く
価格の割にまずいカレー
原因
手間をかけていない
原因
コストを下げている
根本原因
一等地なので，コストをかけなくとも顧客が入る

図 5.4　REM

② 求めた原因に対し，結果と原因の関係から，その原因を求める．これを何回も行い，飽和状態である根本原因を求める．

この方法を使うと，日頃は気に留めていない事項でも，そのシステムの構造的な問題点や本来の目的を把握することができる．この方法は，システムの再定義をしているのと同じであり，ユーザのインサイト抽出にも活用できる汎用の方法ともいえる．

参考文献

[1] 山岡俊樹編著，サービスデザイン，pp.99-101，共立出版，2016
[2] 同上，pp.83-88
[3] 武井大策，結果を出すための創造的戦略マネジメントの基本技術，pp.133-145，日本生産性本部生産性労働情報センター，1991
[4] 山岡俊樹編著，ハード・ソフトデザインの人間工学講義，pp.154-161，武蔵野美術大学出版局，2002
[5] 山岡俊樹，デザイン人間工学，pp.44-47，共立出版，2014
[6] 同上，pp.47-49
[7] 同上，pp.51-52
[8] 同上，pp.104-105

引用文献

1 山岡俊樹編著（山岡俊樹），サービスデザイン，p.96，共立出版，2016

6章
コンセプト，ビジネスモデルを構築する

構造化コンセプト，ユーザとシステムの明確化（仕様書）およびビジネスモデルについて説明する.

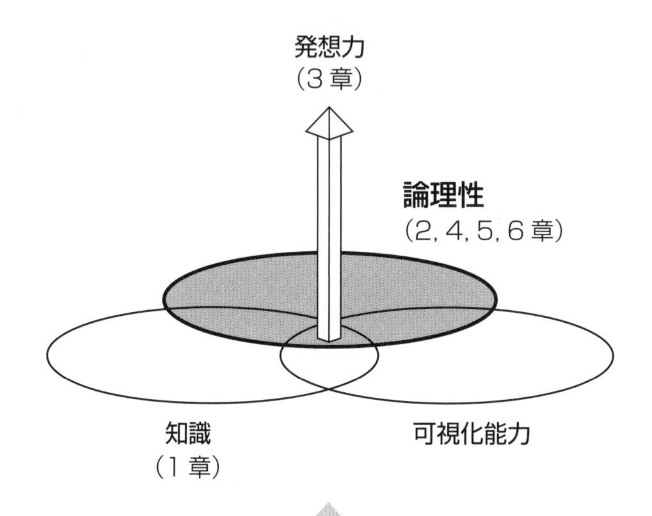

構造化コンセプト
　ボトムアップ式，トップダウン式
ユーザとシステムの明確化
　デモグラフィック情報，ユーザの特性，
　システムの構成要素，入出力系デバイス，
　システムの概要，使用環境，使用時間など
ダイヤ型ビジネスモデル
　①目的，②顧客，③ニーズ，④価値の定義，⑤収益，
　⑥価値の具現化，⑦提供方法，⑧価値の共有，⑨意味性

6.1 構造化コンセプト

〔目的〕構造化コンセプトはデザインの基本的な方針で，製品やシステムの可視化を行う．

製品やシステムの構成要素が多く，複雑である場合には，デザイン方針を明確にする構造化コンセプトを必ず作成する．その方法には，ボトムアップ式とトップダウン式の2種類がある．

(1) ボトムアップ式[1]（図6.1）

観察や再定義などで得られた要求事項や，企画者，デザイナーなどが実現したい要求事項をまとめて，3階層程度の構造化されたシステムのコンセプトをつくる方法である．2階層目

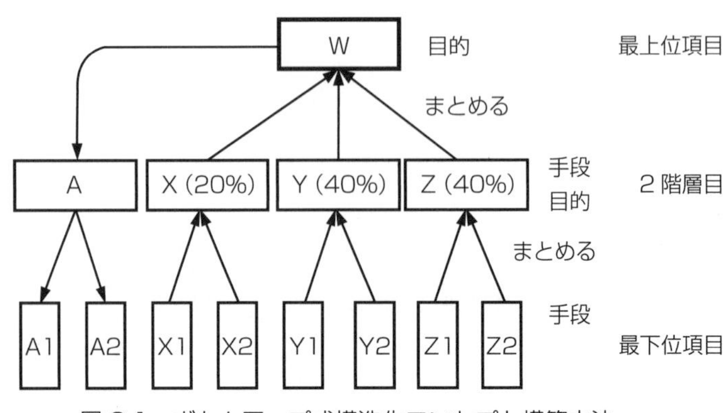

図6.1　ボトムアップ式構造化コンセプト構築方法

の各項目のウエイト付け（%）によって，具体的な方向性を定める．同じコンセプト項目でも，そのウエイト値が違うとデザイン案はまったく異なったものになるので，ウエイト付けは重要である．ウエイトの合計が100%になるように調整する．コンセプト項目は「名詞＋他動詞」の組み合わせで，具体的に書くのがポイントである．名詞のみを書くのは，意味が不明になりやすいので避ける．最終決定した最上位項目から新たに追加したい2階層目の項目があれば（図6.1の最上位項目Wから新たにAを追加する），構造化コンセプトに追加する．

(2)　トップダウン式[2]（図6.2）

観察やインタビューのデータなどから，企画者，デザイナーなどがつくりたいと思う最上位項目を最初に決める．次に最上位項目を目的－手段の関係から分解して下位のコンセプト項目を構築する．3階層程度でまとめる．2階層目の項目には，ボトムアップ式と同様にウエイトをつける．

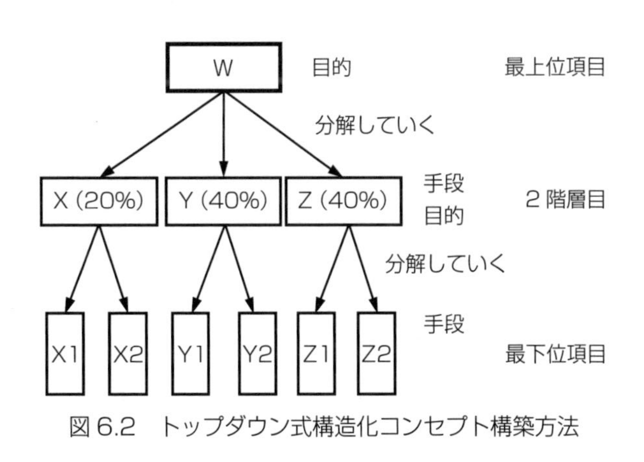

図6.2　トップダウン式構造化コンセプト構築方法

6.2 ユーザとシステムの明確化（仕様書）

(1) ターゲットユーザの明確化（表6.1，表6.2）

〔目的〕 ターゲットユーザの属性，特性などを明確にし，仕様書にまとめる．

1) デモグラフィック情報

製品やシステムの目的，目標などの情報から，ターゲットユーザの年齢，性別，職業，年収，家族構成，学歴などのデモグラフィック情報を明確にする．

表6.1　ユーザの明確化（User Model）

ユーザ側	
基本情報	年齢，性別，職業，年収，家族構成，学歴
性格，価値観，および消費タイプ	①性格（意欲的，慎重，真面目，協調性） ②価値観（こだわり派，流行志向派，無難派，保守派） ③消費タイプ（余裕派，消費派，倹約派，堅実派）
生活スタイル	①ライフスタイル（さまざまな生活のスタイル） ②ライフサイクル（人生のサイクルにおけるさまざまな様相） ③ライフコース（人生上のイベントで分岐したさまざまな人生コース）
経験とメンタルモデル	想定サービスシステムに対する経験・習熟度 • サービスシステムの構造，用語，操作手順などに対して，どの程度の知識（メンタルモデル）を持っているのか
その他	

表 6.2　ユーザの明確化

関係者側	
基本情報	年齢，性別，職業，年収，家族構成，学歴
経験とメンタルモデル	想定サービスシステムに対する経験・習熟度 • サービスシステムの構造，用語，操作手順などに対して，どの程度の知識（メンタルモデル）を持っているのか
その他	

2)　ユーザの特性（図 6.3）[3]

以下の「性格→価値観→消費タイプ」の観点から，アンケートやインタビューをすることにより，ターゲットユーザの特性を把握する．

①　性格

「積極的・自己主張－消極的・謙虚」「目的志向－現状安定」の 2 軸から，「意欲的」「慎重」「真面目」「協調性」の 4 つの性格に分類する．

②　価値観

「こだわる－こだわらない」「流行－伝統」の 2 軸から，「こだわり派」「流行志向派」「無難派」「保守派」の 4 つの価値観に分類する．

③　消費タイプ

「こだわる－こだわらない」「消費する－消費しない」の 2 軸から，「余裕派」「消費派」「倹約派」「堅実派」の 4 つの消費タイプに分類する．

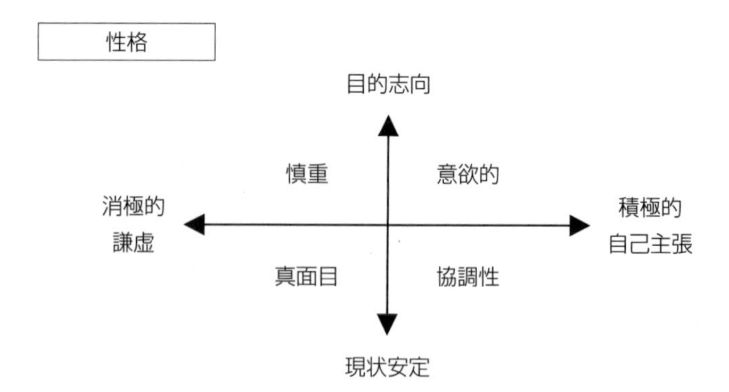

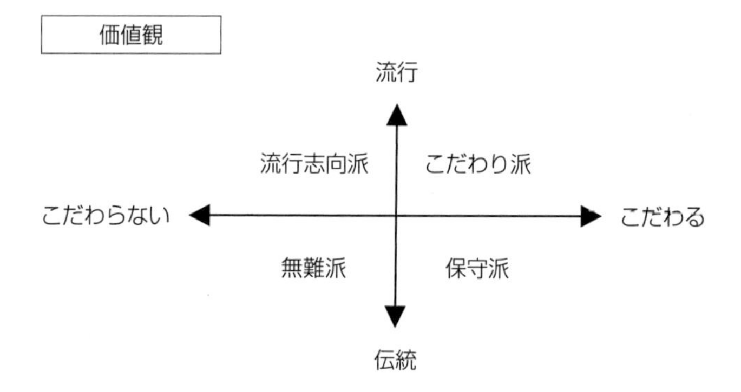

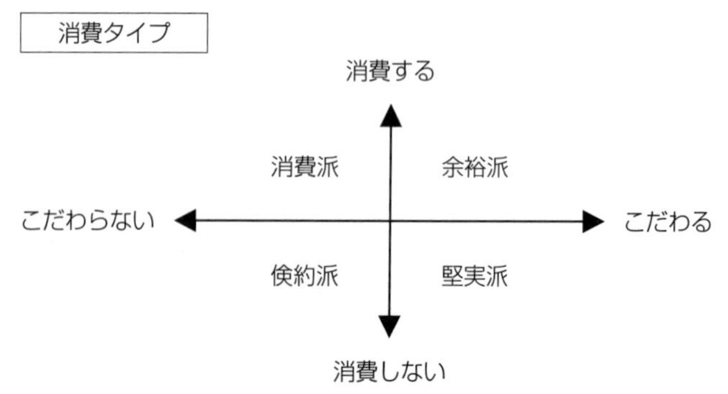

図 6.3　ユーザの特性（性格，価値観，消費タイプの分類）

(2) システムの明確化（表6.3）

システムの構成要素，入出力系デバイス，システムの概要，使用環境，使用時間などの情報を決定し，仕様書にまとめる．

表6.3　システムの明確化（System Model）

システム側	
システムの構成要素	機能（汎用，専用）
入出力系デバイス	
システムの概要	①機能性，②信頼性，③拡張性，④効率性，⑤安全性，⑥ユーザビリティ，⑦楽しさ，⑧費用，⑨生産性，⑩メンテナンス，⑪組織
使用環境	公的空間か私的空間（自宅，個室など）か 地域，気候
使用時間	
その他	

6.3 ダイヤ型ビジネスモデル（図6.4）[4]

〔目的〕 開発の初期段階でデザイン案がビジネスとして成立するのか検討する．

開発の初期段階で使うダイヤ型ビジネスモデルは，以下の項

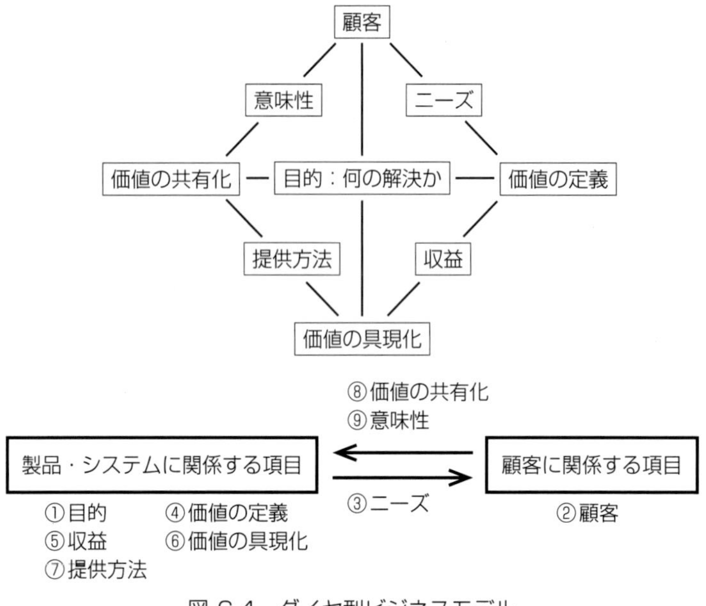

図 6.4　ダイヤ型ビジネスモデル

目から成立している.

①　目的：何の解決か

　そもそも提案するサービスシステムは何を解決するために行うのか明確にすることである.

②　顧客

　顧客の属性, 特性を把握する. B2B（ビジネス－ビジネス）か B2C（ビジネス－消費者）か.

③　ニーズ

　どのようなニーズなのか明確にする.

④　価値の定義

　どのような価値か定義する. それはモノ, コトの価値か精神的価値か．モノには機能面とデザイン面の価値がある．

⑤　収益

収益＝収入－支出（支出＝変動費＋固定費）より収益の概算を行う．デザイン案がビジネスとして成立するのか確認する．

- 変動費：売り上げに比例して増減する経費をいう．具体的には原材料費や仕入原価，販売手数料などである．
- 固定費：売上の増減にかかわらず一定にかかる経費をいう．具体的には人件費，地代家賃，水道光熱費，広告宣伝費，減価償却費などである．

⑥　価値の具現化

価値をどのように具現化するのか検討する．メリット，製品・システムの構造，協力者などを明確にする．

⑦　提供方法

主に物流の観点から，顧客や店舗にどのように製品・システムを届けるのか検討する．

⑧　価値の共有化

顧客とサービス提供者との共感が成立するように配慮する．サービス提供者は単に売るだけでなく，顧客でもあり，販売する喜び，意義を感じられるようにする．

⑨　意味性

製品・システムは顧客にどのような意味・必要性を伝えるのか検討する．

参考文献

[1] 山岡俊樹，デザイン人間工学，pp.60-61，共立出版，2014
[2] 同上，pp.61-62
[3] 山岡俊樹編著，サービスデザイン，pp.105-108，2016
[4] 山岡俊樹，サービスデザイン構築方法，感性工学，p.72，Vol.15，No.2，2017

7章
可視化

構造化コンセプトに基づいて，可視化する方法を説明する．

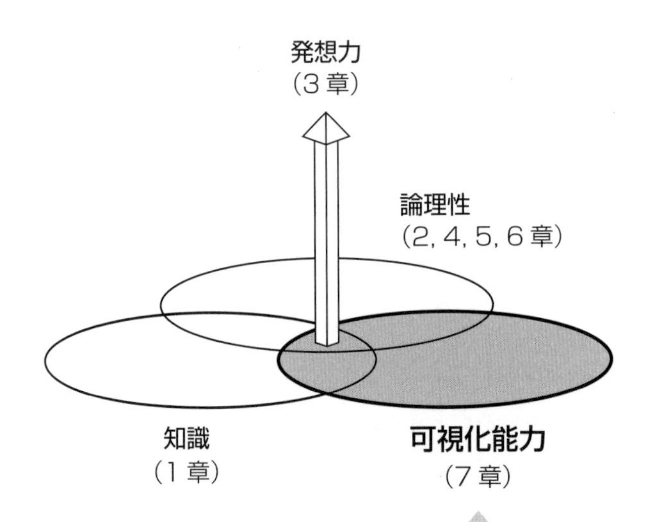

可視化するための手段
①UML
②サービスデザイン（接客面）項目
③UXデザイン項目（UXによる感覚）
④ストーリー項目
⑤70デザイン項目
⑥さまざまなデザイン項目の組み合わせ

7.1 可視化方法

構造化コンセプトの最下位の具体的な項目を統合して，可視化案をまとめる．操作画面などのデザインでは，最下位の項目をまとめて基本画面として，他の画面を検討していく．サービスデザインの場合は，構造化コンセプト自体があるイメージやベクトルを示しているので，可視化が不要の場合もあるが，できるだけ可視化を心がける．グラフィックデザイン全般，パッケージなどでも同様のやりかたで可視化する（図10.7の名刺の場合，参照）．

7.2 可視化するためのさまざまな手段

前章で紹介したボトムアップ式かトップダウン式によりつくられた構造化コンセプトに基づいて，可視化は行われる（図7.1）．その際，以下の項目を検討する．

(1) UML (Unified Modeling Language)

可視化を行う際は，ユースケース図とアクティビティ図を使って，要求事項を明確にしておく．これらはUMLに含まれる表記方法である．

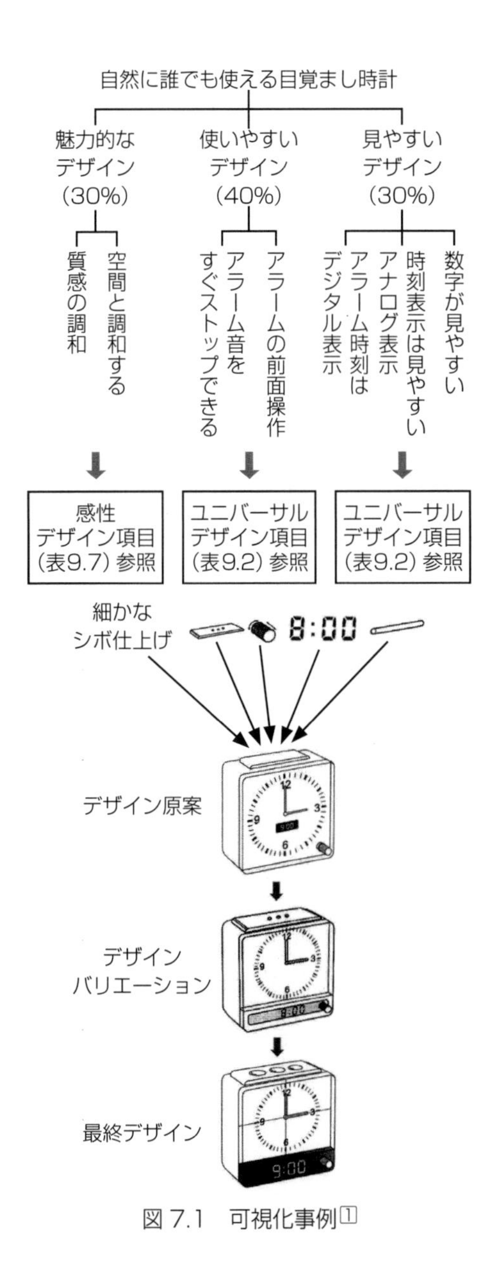
自然に誰でも使える目覚まし時計
魅力的なデザイン（30%）
使いやすいデザイン（40%）
見やすいデザイン（30%）
空間と調和する
質感の調和
アラームの前面操作
アラーム音をすぐストップできる
数字が見やすい
時刻表示は見やすい
アナログ表示
アラーム時刻はデジタル表示
感性デザイン項目（表9.7）参照
ユニバーサルデザイン項目（表9.2）参照
ユニバーサルデザイン項目（表9.2）参照
細かなシボ仕上げ
8:00
デザイン原案
デザインバリエーション
最終デザイン

図 7.1　可視化事例[1]

① ユースケース図

システムの利用者であるアクター（棒人間で表示）と，システムの機能を意味するユースケースの関係を示す図である．

② アクティビティ図

システム内の処理の流れを示し，フローチャートと類似しているが，並列処理を記述することが可能である．

(2) サービスデザイン（接客面）項目（表9.6参照）[1]

① 気配り

つねに，顧客の状況に共感し，顧客に心を配る．

② 適切な対応

適切な対応をすべく，迅速に，柔軟に，不安を除き，正確で，平等に顧客に接する．

③ 態度

顧客に共感し，信頼感を獲得し，寛容の気持ちで，好印象で接する．

(3) UXデザイン項目（UXによる感覚）[2]

① 非日常の感覚

日常生活ではあまり体験したことがないような感覚をいう．

② 獲得の感覚

有益な情報，モノ，スキルなどを獲得したとき，商品を購入したとき，贈り物を受け取ったときなどに得られる感覚である．

③ タスク後に得られる感覚（達成感，一体感，充実感）

モノをつくった達成感など，タスクを実行した後に得られる感覚である.

④　利便性の感覚

　Webサービスや製品の持つ利便性に対して得られる感覚である.

⑤　憧れの感覚

　ブランド品や好きなアーティストの作品に対する憧れの感覚である.

⑥　五感から得られる感覚

　視覚，聴覚，嗅覚，味覚，触覚の五感から得られる感覚である.

(4)　ストーリー項目[3]

①　最新のストーリー

　最新の技術，設備，デザインなどが持つストーリーである.

②　現実のストーリー

　現実に行っている仕事，イベントなどのストーリーである.

③　歴史のストーリー

　古くからの由緒ある旅館やデパートなどが持つストーリーである.

④　架空のストーリー

　遊園地や施設などに設定された架空のストーリーである.

(5)　70デザイン項目（9章参照）[4]

①　ユーザインタフェースデザイン項目（29項目）

　GUIや製品の操作部などのデザインを行う際に必要な29項目である.

② ユニバーサルデザイン項目（9項目）

ユニバーサルデザインを行うのに必要な9項目である．

③ 感性デザイン項目（9項目）

感性を重視したデザインを行うときに検討すべき9項目である．

④ 安全性デザイン項目（6項目）

安全設計やPL（Product Liability：製造物責任）を考慮するときに検討すべき6項目である．

⑤ エコロジーデザイン項目（5項目）

エコロジーの観点から検討すべき5項目である．

⑥ ロバストデザイン項目（5項目）

衝撃や外部の力に対して頑強な設計にするための5項目である．

⑦ メンテナンスデザイン項目（2項目）

メンテナンス（保守性）を検討するのに必要な2項目である．

⑧ その他（ヒューマン・マシン・インタフェースデザイン項目）（5項目）

HMIの5側面からも検討する．

(6) さまざまなデザイン項目を組み合わせて可視化する

可視化の際，製品の3要素（有用性，利便性，魅力性），ストーリー，感情，UXによる感覚を組み合わせたUX/ストーリーチャートを活用する（図7.2）．たとえば，お伽の国のお城を建設する場合，UX/ストーリーチャートの「架空のストーリー」-「喜ぶ」-「非日常性」の流れを採用して，お伽の国のお城（魅力性）を建設（架空のストーリー）すると，利用客は

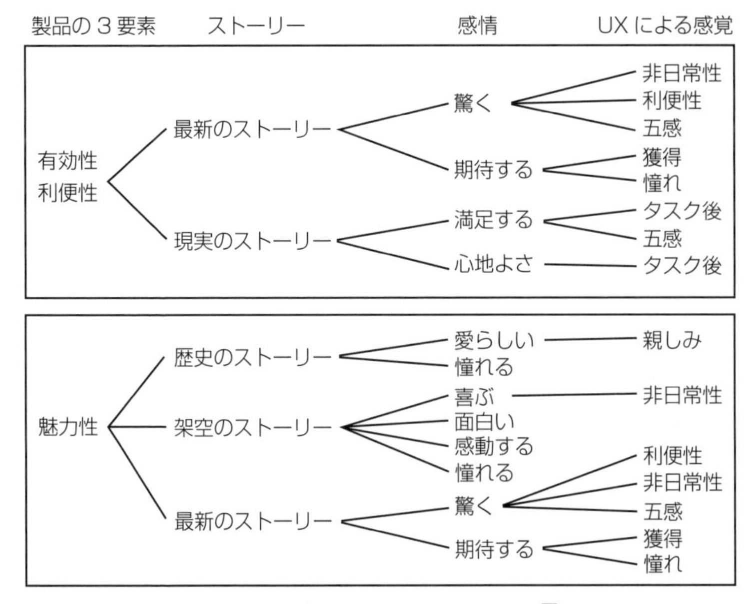

図7.2　UX/ストーリーチャート[2]

「非日常性」（UXによる感覚）を感じて「喜ぶ」（感情）.

参考文献

[1] 山岡俊樹編著, サービスデザイン, p.128, 共立出版, 2016
[2] 山岡俊樹, デザイン人間工学, pp.145-146, 共立出版, 2014
[3] 山岡俊樹編著, サービスデザイン, pp.46-47, 共立出版, 2016
[4] 山岡俊樹編著, デザイン人間工学の基本, pp.450-462, 武蔵野美術大学出版局, 2015

引用文献

[1] 山岡俊樹, デザイン人間工学に基づく汎用システムデザインプロセス, p.6, 日本デザイン学会誌, 第22巻1号, 85号, 2015
[2] 同上, p.8

8章
評価

可視化されたデザイン案の妥当性を探る評価方法を説明する.

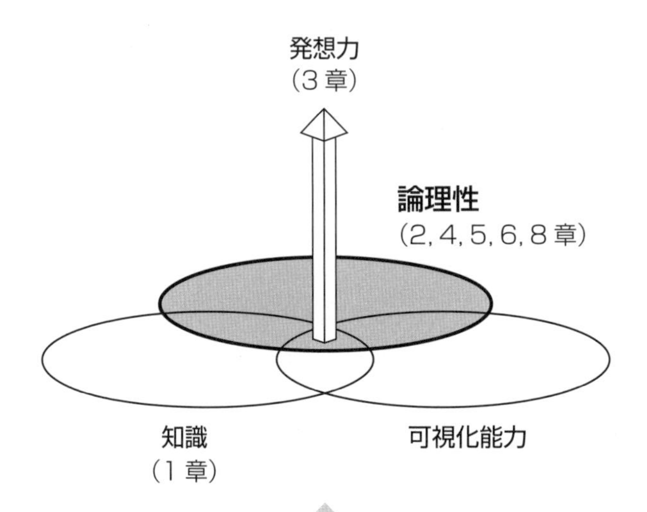

(1)検証（Verification）
(2)妥当性の確認（Validation）
①プロトコル解析
②パフォーマンス評価
③GUI デザインチェックリスト
④システムユーザビリティスケール（SUS）
⑤ユーザビリティタスク分析

〔目的〕 構築したデザイン案の評価（検証と妥当性の確認）を行う．

可視化されたデザイン案に対して，検証と妥当性の確認の2とおりの評価（V&V評価）[1] を行う．

(1) 検証（Verification）

デザイン案がコンセプトや設計書，仕様書どおりできたか調べる方法である．とくに，開発期間が長いシステムの場合，必須の作業である．

(2) 妥当性の確認（Validation）

コンセプトや設計書だけでは規定するのが困難なユーザビリティなどの場合，システムや製品の目的に合うようにデザインがなされているか調べる方法である．ユーザビリティに関する手法は以下のとおりである．

1) プロトコル解析

実験協力者が製品やシステムを操作したときに困ったことや感じたことを述べ，問題点を抽出する方法である．実験協力者数は5人程度いればある程度のデータが取れる．

2) パフォーマンス評価

あるタスクに対する作業成績のことをパフォーマンスという．パフォーマンスは作業時間やエラー率などにより，タスクの効率などを定量的に評価することができる．実験協力者数は10名程度が必要であろう．

3) GUIデザインチェックリスト（表8.1）[2]

表8.1　GUIデザインチェックリスト[1]

チェック項目	評価
①見やすくなっているか	該当する　どちらでもない　該当しない
②重要な情報は強調されているか	該当する　どちらでもない　該当しない
③レイアウト，情報は簡潔になっているか	該当する　どちらでもない　該当しない
④手がかりなどによって，容易に「情報の入手」や「操作の誘導（ナビゲーション）」がなされているか	該当する　どちらでもない　該当しない
⑤わかりやすい用語を使っているか	該当する　どちらでもない　該当しない
⑥情報は冗長となっているか	該当する　どちらでもない　該当しない
⑦情報間の関係付け（マッピング）は適切か	該当する　どちらでもない　該当しない
⑧視覚あるいは聴覚などのフィードバックがあるか	該当する　どちらでもない　該当しない
⑨操作時間は適切か	該当する　どちらでもない　該当しない
⑩操作した時間の経過がわかるようになっているか（表示されているか）	該当する　どちらでもない　該当しない
⑪一貫性は考慮されているか	該当する　どちらでもない　該当しない
⑫階層構造がわかるようになっているか	該当する　どちらでもない　該当しない
⑬ユーザのメンタルモデルを考えて，インタフェースはつくられているか	該当する　どちらでもない　該当しない
⑭システム全体が把握できるようになっているか	該当する　どちらでもない　該当しない
⑮エラーが起きても問題を生じないデザインとなっているか	該当する　どちらでもない　該当しない
⑯柔軟性があるか，あるいはカスタマイズ可能か	該当する　どちらでもない　該当しない
その他，気が付いた事項	該当する　どちらでもない　該当しない

GUI画面のデザインにかかわる項目（①～③），GUI画面のインタフェースにかかわる項目（④～⑩），GUIの構造にかかわる項目（⑪～⑯）の大きな枠組みから，16のGUI評価項目が準備されている．

4）　システムユーザビリティスケール（System Usability Scale：SUS）（図8.1）[3]

事前に準備された10項目を使ってユーザビリティを評価する手法である．各項目に対して，1（まったくそう思わない）～3（どちらともいえない）～5（まったくそう思う）のうち該当する数値（目盛り）に○を付ける．奇数番号の項目は良い評価項目なので，最も悪い点数である1を該当数値から引き，偶数番号の項目は悪い評価項目なので，最も悪い点である5から該当数値を引く．これが各項目の評価値となる．最後に評価値の合計を求め，2.5倍し，100点満点の点数に換算する．

5）　ユーザビリティタスク分析（表8.2，図8.2）[4][5]

ユーザビリティタスク分析は，ユーザビリティ評価手法であるとともに，ユーザ要求事項抽出方法でもある．実験協力者に，各画面あるいはタスクに関して，ユーザインタフェースやデザイン上の良い点と悪い点についてのコメントと，評価をしてもらう．

良い点と悪い点についてのコメントは自由記述であるが，文章完成法を使ってもよい．たとえば表8.2のように，「AはBなので，良い（悪い）」のスタイルで答えてもらう．自由記述によるデータは，良い点と悪い点に関して，それぞれグループ化し，さらに構造化することにより，良い点，悪い

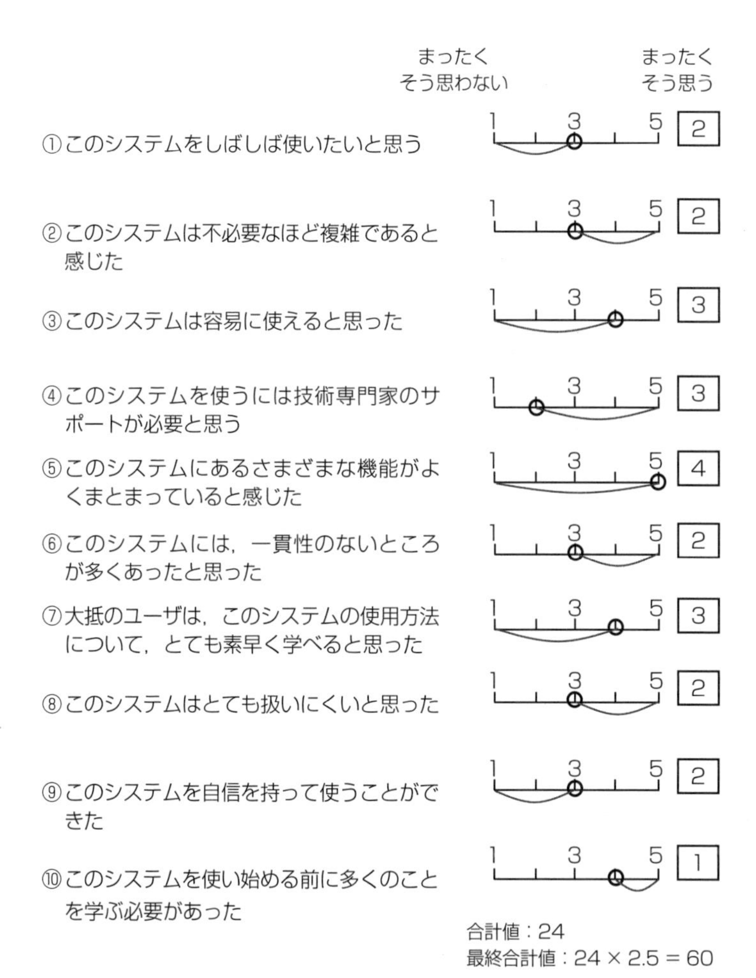

図 8.1　システムユーザビリティスケール

表 8.2　ある実験協力者による４種類のシャープペンシルに対する回答例[2]

	シャープペンシル A	シャープペンシル B	シャープペンシル C	シャープペンシル D
取り出しやすさ	（本体）は （転がらない） なので，良い	（重さ）は （軽い） なので，良い	（直径）は （大きい） なので，良い	（重さ）は （軽い） なので，良い
	（直径）は （小さい） なので，悪い	（本体）は （転がる） なので，悪い	（本体）は （円柱） なので，悪い	（直径）は （小さい） なので，悪い
	このタスクの評価は 1　3　5（○：2）	このタスクの評価は 1　3　5（○：2）	このタスクの評価は 1　3　5（○：5）	このタスクの評価は 1　3　5（○：4）
保持する	（形状）は （六角形） なので，良い	（重さ）は （軽い） なので，良い	（ゴム）は （滑らない） なので，良い	（形状）は （六角形） なので，良い
	（本体）は （滑りやすい） なので，悪い	（プラスチック）は （滑りやすい） なので，悪い	（重量）は （重い） なので，悪い	（本体）は （滑りやすい） なので，悪い
	このタスクの評価は 1　3　5（○：2）	このタスクの評価は 1　3　5（○：2）	このタスクの評価は 1　3　5（○：5）	このタスクの評価は 1　3　5（○：4）
総合評価	（ペン先）は （見やすい） なので，良い	（重さ）は （軽い） なので，良い	（ゴム）は （滑らない） なので，良い	（重さ）は （軽い） なので，良い
	（ゴム）は （無い） なので，悪い	（プラスチック）は （滑りやすい） なので，悪い	（重量）は （重い） なので，悪い	（直径）は （小さい） なので，悪い
	このタスクの評価は 1　3　5（○：3）	このタスクの評価は 1　3　5（○：2）	このタスクの評価は 1　3　5（○：5）	このタスクの評価は 1　3　5（○：2）

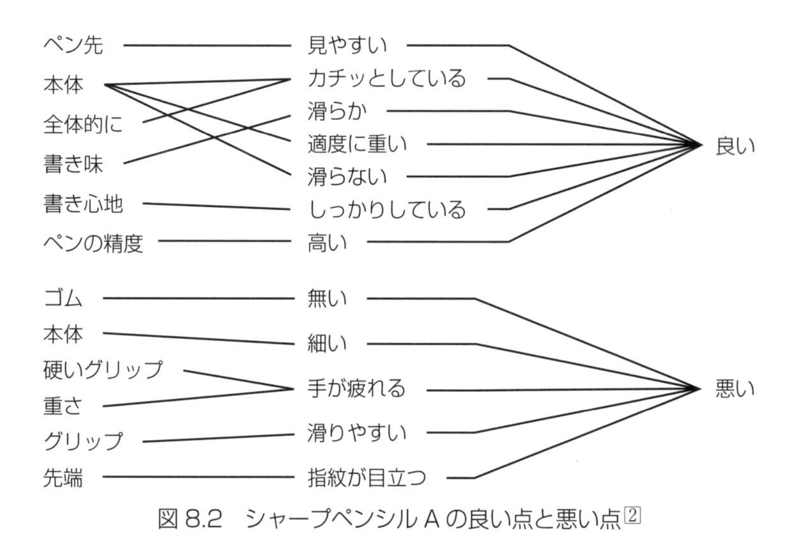

図 8.2　シャープペンシル A の良い点と悪い点[2]

点を容易に把握することができる．

評価は，製品やサービスデザインなどの場合は5段階評価を行う．画面デザインの場合は情報量が少ないので，3段階評価（良い，普通，悪い）で十分である．

画面などの評価点を説明変数，総合評価点を目的変数として，重回帰分析を行ってもよい．

参考文献

[1] 海保博之，田辺文也，ヒューマン・エラー，pp.144-147，新曜社，1996

[2] 山岡俊樹，デザイン人間工学，pp.87-92，共立出版，2014

[3] John Brooke, SUS: a “quick and dirty” usability scale, p.193, Usability evaluation in industry, Taylor and Francis, 1996

[4] 山岡俊樹，弘松知佳，ユーザ要求事項抽出及び評価のためのユーザビリティタスク分析の提案，pp.372-373，日本デザイン学会誌，

第 55 回研究発表大会概要集，2008
[5] 山岡俊樹，デザイン人間工学，pp.99-103，共立出版，2014

引用文献

1 山岡俊樹，デザイン人間工学，p.88，共立出版，2014
2 同上，p.103

9章
デザイン知識とさまざまなデザイン

デザインする上で必要な知識とデザインの種類について説明する.

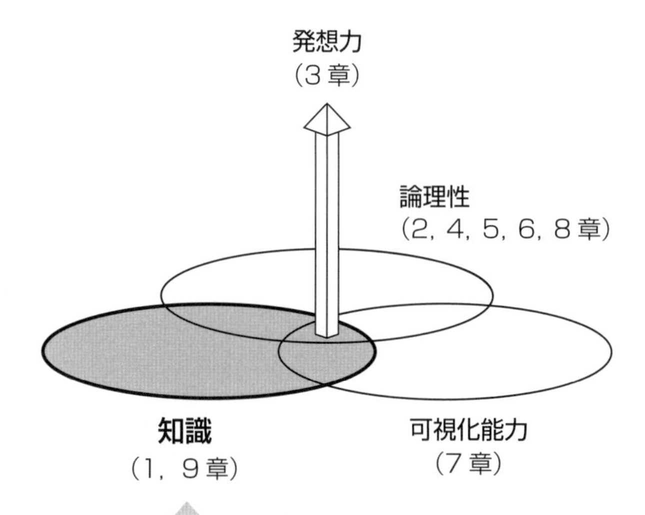

70デザイン項目
①ユーザインタフェースデザイン項目, ②ユニバーサルデザイン項目,
③感性デザイン項目, ④安全性(PL)デザイン項目,
⑤ロバストデザイン項目, ⑥メンテナンス(保守性)デザイン項目,
⑦エコロジーデザイン項目, ⑧その他(HMIの5側面など)

情報デザイン
①画面インタフェースデザインの6原則, ②可視化の3原則

ユニバーサルデザイン
ユニバーサルデザイン7原則, ユーザグループの分類

エコロジーデザイン
サスティナブルデザイン, SDGs

サービスデザイン
接客:①顧客への気配り, ②適切な対応, ③最適な態度

産業財産権
特許権, 実用新案権, 意匠権, 商標権

9.1 目的

さまざまなデザインには，それに必要なデザイン項目・知識がある．本章では，情報デザイン，ユニバーサルデザイン，エコロジーデザイン，サービスデザインを核にして，それらと関係するデザイン項目・知識を紹介する．著者はデザイン項目として，70デザイン項目を提唱しており，これを中心に説明する．70デザイン項目は，主に専門家へのアンケート，文献により，モノづくりの視点から抽出された．ベテランのデザイナーやエンジニアの持っているモノづくりに関する知識を一般化した情報ともいえる．したがって，これらの項目をマスターすれば，経験の浅いデザイナー，学生でも，ベテラン並みの知識の習得がある程度可能となる．

70デザイン項目は以下のとおりである．

① ユーザインタフェースデザイン項目（29項目）

② ユニバーサルデザイン項目（9項目）

③ 感性デザイン項目（9項目）

④ 安全性（PL）デザイン項目（6項目）

⑤ ロバストデザイン項目（5項目）

　エコロジー的視点，経済的視点から製品自体を頑強にするための項目である．

⑥ メンテナンス（保守性）デザイン項目（2項目）

⑦ エコロジーデザイン項目（5項目）

⑧ その他（HMIの5側面など）（5項目）

人間－機械系（ヒューマン・マシン・インタフェース）の5側面からユーザと機械との関係を最適にするための項目である．

9.2 情報デザイン

ユーザインタフェースデザイン項目（29項目）（表9.1）を使って，デザインを行う．操作画面をデザインする際には，29項目中のとくに重要な6項目を抽出した，画面インタフェースデザインの6原則を活用するのがよい．画面のインタフェースを定めた後は，29項目中の3項目を抽出した，可視化の3原則を活用する．

1）画面インタフェースデザインの6原則
⑩手がかり，⑭マッピング，⑯一貫性，⑲適切な用語・メッセージ，㉗動作原理，㉘フィードバック

2）可視化の3原則
⑪簡潔性，⑯一貫性，㉔強調

表 9.1　ユーザインタフェースデザイン項目[1]

デザイン項目	内容
ユーザにとって良いユーザインタフェースシステムの構築	
①寛容性・柔軟性	• ユーザの知識，経験や好みなどにも対応（カスタマイズ）できるようになっているか？ 例：取消，訂正ができる
②習熟度対応	• ユーザの習熟度に対応できるようになっているか？ 例：ガイダンスを示す
③ユーザの保護	• ユーザに危害を加えないように保護しているか？
④ユニバーサルデザイン	• 身体障害者，高齢者などでも操作できるようになっているか？
⑤異文化対応	• 対象となるユーザの言語，習慣および宗教などの文化的背景を考慮しているか？ 例：色の嗜好は国によって異なる
ユーザのやる気の醸成	
⑥楽しさ	• ユーザが楽しんで操作できるようになっているか？ 例：イラストを活用する
⑦達成感	• ユーザが達成感を得られるようになっているか？ 例：進捗状況を示す
⑧ユーザの主体性の確保	• ユーザの意思で思いどおりに操作できるようになっているか？ 例：メニュー画面に戻れる
⑨信頼感	• ユーザと信頼関係をもてるようになっているか？ 例：エラー予告や警告情報を出す
効率の良い情報入手	
⑩手がかり	• 操作，思考をするためのよりどころをユーザに与えているか？ 例：矢印，番号を表示する
⑪簡潔性	• 画面の表現や操作手順を簡潔にしているか？ 例：整然としたレイアウト
⑫検索容易性	• システムは特定の情報の検索を容易に行えるようになっているか？
⑬一覧性	• 伝えたい情報が全体で表示されているか？ 例：階層化されたプルダウンメニュー
⑭マッピング	• 情報間の関係がわかるようになっているか？ 例：指示部と操作部との関係が容易にわかる
⑮識別性	• 情報の相違が容易にわかるようになっているか？ 例：ボタン形状や色彩を変える

理解・判断の容易化	
⑯一貫性	• 情報提示構造，操作方法および用語などを統一しているか？ 例：画面レイアウトの一貫性
⑰メンタルモデル	• ユーザのその機器に関する操作イメージを考慮しているか？ 例：動作原理を示す
⑱情報の多面的提供	• ユーザが状況判断できるようにさまざまな情報を提供しているか？ 例：稼働状況や残り時間を表示する
⑲適切な用語・メッセージ	• ユーザのレベルに合った適切な用語，メッセージを使っているか？ 例：簡潔な用語，わかりやすい用語
⑳記憶負担の軽減	• ユーザの覚えるべき情報を少なくしているか？ 例：メニューによる選択など
快適な操作	
㉑身体的負担の軽減	• ユーザの身体的な負担（苦痛，疲労）を軽減するようになっているか？ 例：見やすい表示，押しやすいボタン
㉒操作感	• 操作感が良いか？ 例：ボタンにクリック感をつける，システムからの反応が早い
㉓操作の効率	• ユーザの操作量を少なくし，効率化が図られているか？ 例：操作回数を少なくする
共通手段	
㉔強調	• 重要な情報は強調されているか？ 例：太文字，図と地のコントラストを高くする
㉕アフォーダンス	• 操作を誘発させるようにデザインされているか？ 例：画面上で押すのがわかるボタン
㉖メタファ	• 比喩（メタファ）の使用によりユーザの理解を容易にさせているか？ 例：電卓のメタファ
㉗動作原理	• 動作原理を見せることによりシステムの概要がわかるようになっているか？
㉘フィードバック	• ユーザの操作に対してシステム側が反応しているか？ 例：ボタンを押すと光る
㉙ヘルプ	• 最適なガイド，ヘルプ機能が提供されているか？

9.3 ユニバーサルデザイン

ユニバーサルデザイン（Universal Design）は誰でも使えるようにするデザインであるが，生活弱者のために現在ある障害・障壁（バリア）を取り除くのがバリアフリーデザイン（Barrier-free Design）である．その他の類似の考えかたとして，Design for All，Inclusive Design，Accessible Design がある．

Ron Mace などが作成したユニバーサルデザインを行うための 7 原則[2] を以下に紹介する．

原則 1：Equitable Use
　　公平な利用ができる

原則 2：Flexibility in Use
　　柔軟性のある使いかたができる

原則 3：Simple and Intuitive Use
　　簡単で，直感による使いかたができる

原則 4：Perceptible Information
　　わかりやすい情報である

原則 5：Tolerance for Error
　　エラーに対して寛容性がある

原則 6：Low Physical Effort
　　身体的な負担を少なくする

原則 7：Size and Space for Approach and Use
　　近づいたり，使用するための大きさや広さが必要である

ユニバーサルデザインの 7 原則を基にデザインを行ってもよ

いが，ここでは，より具体的にデザインを行うためのユニバーサルデザイン項目（9項目）（表9.2）を活用する．また，ユーザの分類（表9.3）と特性（表9.4）を大まかであるが示した．ユーザの特性を理解した上で，各ユーザグループに対応したデザイン方法を紹介する．

(1)　情報入手系に配慮すべきユーザに対するデザインポイント

①　手がかりが必要

②　冗長設計にする（1つだけでなく複数の方法で操作ができるようにする）

③　フィードバックが必要

(2)　操作系に配慮すべきユーザに対するデザインポイント

表9.2　ユニバーサルデザイン項目[3]

デザイン項目	内容	事例
①調整	多様なユーザに対して調整されているか？	高さを調整できるシャワー
②冗長度	代替の機能やインタフェースがあるか？	ボタンとペダルのある水飲み機
③仕様，機能が見える	取扱説明書なしでも操作を行えるか？	ゴミ箱の開口部の形状により何を捨てるのかわかる
④フィードバック	ユーザの操作に対してシステム側の反応がなされているか？	ボタンを押すと光る
⑤エラーに対し寛容	ユーザのエラー時，バックアップするための何らかの対応がなされているか？	ユーザがエレベータに挟まれるとドアが開く
⑥情報の入手	ユーザは情報を効率良く入手できるか？	大きな文字にする
⑦情報の理解・判断	ユーザは入手した情報を理解・判断できるか？	アイコンの使用
⑧操作	ユーザが容易に操作を行えるか？	大きな押しやすいボタン
⑨情報や操作の連続性	目的を達成するまで，情報や操作（作業）の流れが途切れないようになっているか？	車椅子ユーザなどのために通路の段差をなくす，画面上でのナビゲーションの確保

表 9.3　ユーザの分類[1]

①特別な配慮を必要としないユーザ	
感覚機能に配慮すべきユーザ	
②視覚に頼れないユーザ（全盲者）	③視力に配慮すべきユーザ（弱視者，色覚障害者）
④聴覚に頼れないユーザ（聾者）	⑤聴力に配慮すべきユーザ（難聴者）
運動機能，体格に配慮すべきユーザ	
⑥車椅子ユーザ	⑦手が使えないユーザ
⑧動作に配慮すべきユーザ	⑨筋力の弱いユーザ
⑩発話に配慮すべきユーザ	⑪左利きユーザ
⑫小さい／大きいユーザ	
認知機能に配慮すべきユーザ	
⑬初心者／熟練者	⑭理解が苦手なユーザ
⑮日本語／外国語の読めないユーザ	

① 手がかりが必要

② 冗長設計にする

③ 負担を軽減する

④ 容易な動作にする

⑤ フィードバックが必要

(3) 理解判断系に配慮すべきユーザに対するデザインポイント

① 危険を排除する

② 手がかりが必要

③ わかりやすい情報にする

④ シンプルな情報にする

(4) 高齢者に対するデザインポイント

上記(1)～(3)までの項目すべてに関係している．

(5) ユニバーサルデザインを運用していくためのポイント

ユーザ教育，社会制度，規格化，ユーザによる補助などを充実させる必要性がある．

表 9.4　ユーザの特性

視覚に頼れないユーザ[4]	
ユーザ特性について	①外界の情報入手が困難 ②手で触って可動部などを確認する ③危険・エラー時の認知，処理が困難である
デザインポイント	1) 手がかりの提供 ①聴覚や触覚情報の提供 ②全体の把握：現在の状況や可動範囲などの提供 ③フィードバックの提供：操作に対するフィードバック ④視覚による効果的情報提示：拡大機能，コントラスト大 2) 理解や操作の負担軽減 3) 安心感の提供（安全の配慮）
聴覚に頼れないユーザ[4]	
ユーザ特性について	①視野外の聴覚情報の入手が困難 ②コミュニケーションが困難 ③警告やエラーに気づかない
デザインポイント	1) 手がかりの提供 ①視覚や触覚情報の提供 ②聴覚による効果的情報提示（難聴の場合） 2) 理解・判断の容易な情報提供 3) 安心感の提供（安全の配慮）
車椅子ユーザ，動作に配慮すべきユーザ，筋力の弱いユーザ[4]	
ユーザ特性について	①手指や足，体幹の可動範囲の限定または動作不能 ②手指の震えによる巧緻性の低下 ③筋力が弱い ④自己補助が困難
	●下半身の障害で車椅子を使用しているユーザの特性 ①低眼高である ②横の移動は困難 ③手の可動範囲が狭く限定される
デザインポイント	1) 快適な操作の提供 ①身体的負担の軽減：軽い力で操作，軽量化 ②容易な操作形式の提供：簡単操作，同時動作の回避 ③限られた操作能力への支援：操作の冗長性の確保 2) 安全の確保

理解が苦手なユーザ[2]	
ユーザ特性について	①抽象的概念の理解が困難 ②感性が鋭敏 ③身体的特徴と運動機能の発達の遅れ
デザインポイント	①危険の排除 ②手がかりの提供 ③わかりやすい情報の提供 ④規格化の実現 ⑤シンプルな情報の提供 ⑥心地よさの提示
高齢者[3]	
ユーザ特性について	①感覚記憶から短期記憶へのチャンネルの減少 ②長期記憶の記憶，再生する時間が遅い ③学習能力の低下　④筋力の低下 ⑤新規のメンタルモデル構築が困難 ⑥煩雑な情報は検索しきれない　⑦注意力，集中力の低下 ⑧感覚神経の衰え　⑨体力の低下
デザインポイント	1) 容易な操作の提供 ①見やすさ，聞こえやすさの提供 ②わかりやすい情報の提供 ③生理的負担の軽減 ④容易な動作の提供：簡単な操作・操作手順 2) 魅力性の提示 注意力，修復能力，やる気の低下を補助

9.4 エコロジーデザイン

エコロジーデザイン（Ecology Design）とは，環境に配慮したデザインのことである．表9.5にエコロジーデザインを行うための5項目を示した．このエコロジーデザインをさらに進めていくと地球環境を配慮した持続可能な社会を目指すサスティナブルデザイン（Design for Sustainability）の世界がある．この件に関して，国連では持続可能な開発目標（SDGs：Sustainable Development Goals）を決めて，活動している．

表9.5　エコロジーデザイン項目[5]

デザイン項目	内容	事例
①耐久性	長持ちするか？	LED照明
②リサイクリング	再利用が何回もできるか？	ペットボトルのリサイクリング
③材料の少量化	少量の材料でつくられているか？	薄肉厚の成形品
④最適な材料	地球環境や人体に優しい材料か？	代替フロンを使用しない
⑤フレキシビリティ	部品の交換などデザインにフレキシビリティがあるか？	カッターナイフ

9.5　サービスデザイン

サービスデザインは，「UX（ユーザ体験），ストーリー（物語）や意味性他を介して，人間に係る様々な要素をサービスとして統合し，人間に対する価値あるシステムにする作業」（図9.1）[7]と定義される．接客面の対応の仕方は，①顧客へ気を配り，問題が発生したときやアドバイスが必要な場合，②適切な対応をする．その際，③最適な態度をとるのが望ましい（表9.6）．

サービスデザインは，一種のシステムデザインでもあるので，目的，コンセプトを厳密に決めてサービスを構築するのがポイントである．

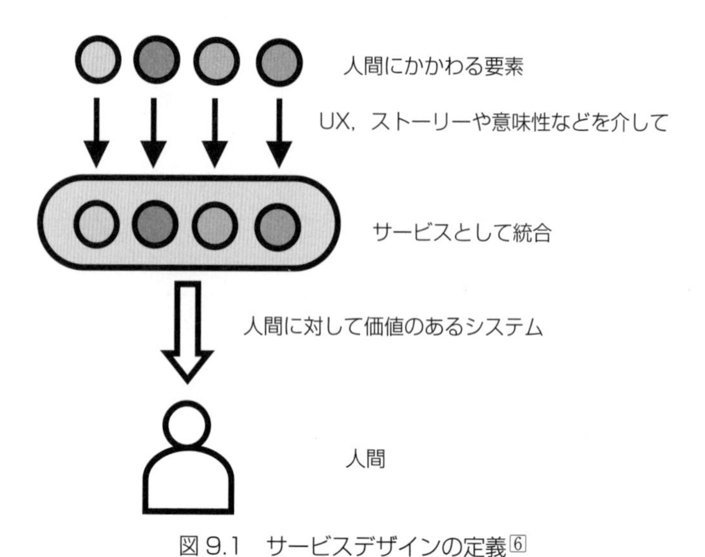

図 9.1　サービスデザインの定義[6]

表 9.6　サービスデザイン（接客面）項目[8]

項目	内容
(1) 気配り	①共感：顧客の状況を自分も同じように感じ，理解しているか？ ②配慮：顧客の状況に心を配っているか？
(2) 適切な対応	①迅速（時間）：サービスの提供時間など，迅速に対応しているか？ ②柔軟：自由裁量を任され，柔軟に対応しているか？ ③安心：サービスの提供に際して不安を取り除いているか？ ④正確：あいまいではなく，必ず確認するなどの正確な対応をしているか？ ⑤平等：サービスの提供者はどの顧客にも平等に対応しているか？
(3) 態度	①共感：顧客の状況を自分も同じように感じ，理解しているか？ ②信頼感：信頼感を得られるように対応しているか？ ③寛容：壁をつくらず，人を受け入れているか？ ④好印象：良い感じが相手の心に残っているか？

9.6 その他のデザイン項目

前述の情報デザイン，ユニバーサルデザイン，エコロジーデザイン，サービスデザイン以外のデザイン項目として，③感性デザイン項目（9項目）（表9.7），④安全性デザイン項目（6項目）（表9.8），⑤ロバストデザイン項目（5項目）（表9.9），⑥メンテナンスデザイン項目（2項目）（表9.10），⑧その他（ヒューマン・マシン・インタフェースデザイン項目）（5項目）（表9.11）がある．

表9.7　感性デザイン項目[9]

デザイン項目	内容	事例
①雰囲気	上品な雰囲気など，雰囲気があるか？	和紙でできた照明器具
②デザインイメージ	モダン，しゃれたなど，特徴のあるデザインイメージであるか？	モダンなイメージの車
③色彩	斬新な色など，特徴のある色彩であるか？	カラフルな雑貨
④フィット性	機器と人間が一体となっているか？	包み込むような椅子
⑤形態	シンプルな形など，特徴のある形態であるか？	シンプルでムダのない形状の自転車
⑥機能性・利便性	機能が良い，使いやすいなど，機能や利便性があるか？	機能性が高く使い勝手の良いリュックサック
⑦質感	特徴のある質感となっているか？	ジュラルミン製の鞄
⑧新しい組み合わせ	いままでにない組み合わせであるか？	背もたれにエラストマー樹脂を用いた椅子
⑨意外性	意外性があるか？	透明のプラスチックで出来たピアノ

表 9.8　安全性デザイン項目[10]

デザイン項目	内容	事例
①危険の除去	危険な部分があるか？	先が丸くなったはさみ
②フール・プルーフ設計	人間が誤っても，人間に対して安全になっているか？	転倒させると電源が切れる電気ストーブ
③タンパー・プルーフ設計	いたずら防止となっているか？	特別な工具のみ使えるネジ
④保護装置（危険隔離）	危険である箇所から人を隔離するようになっているか？	出転落防止用の駅のホームドア
⑤インターロック機能を考えた設計	一連の操作順序（制約条件）に従わないと操作が実行できないようになっているか？	ロック解除ボタンの次に出湯ボタンを押すことにより，お湯が出る電気ポット
⑥警告表示	警告表示をしているか？	塩素系洗剤での警告表示

表 9.9　ロバストデザイン項目[11]

デザイン項目	内容	事例
①材料の変更	衝撃や人間との接触の多い部分を強くするため，材料を変更したか？	ステンレス製のカーブミラー
②形状の配慮	衝撃や強い力に対して，形状の配慮をしているか？	丸い形状の旅行鞄
③構造の検討	構造面から強度を高めるようになっているか？	パイプと丸棒から構成された椅子
④応力を逃がすデザイン	力が加わっても，システム全体に力がかからないようになっているか？	スポーツ靴のソール部分
⑤ユーザの無意識な行動に対応したデザイン	ユーザの無意識行為に対し，頑強性を保てているか？	ドアのストッパー

表 9.10　メンテナンスデザイン項目[12]

デザイン項目	内容	事例
①近接性の確保	近づいてメンテナンスができるか？	電車の整備工場の床下ピット
②修復性の確保	素早く，効率よく修復できるか？	部品がユニット化されたコピー機

表 9.11　その他（HMI の 5 側面など）[13]

デザイン項目	内容	事例
①身体的側面	人間とシステムとの身体的側面に関する適合性は良いか？	①位置関係（最適な姿勢の確保） ②力学的側面（最適な操作力と操作方向） ③接触面（操作具とのフィット性）
②頭脳的側面	人間とシステムとの情報面のインタラクションに関する適合性は良いか？	①ユーザのメンタルモデル ②わかりやすさ ③見やすさ
③時間的側面	人間とシステムとの時間的側面に関する適合性は良いか？	①作業時間 ②休息時間 ③システム側の反応時間
④環境的側面	人間とシステムとの環境的側面に関する適合性は良いか？	①空調（温度，湿度，気流など） ②照明（照度，グレアなど） ③その他（騒音，振動など）
⑤運用的側面	人間とシステムとの運用的側面に関する適合性は良いか？	①組織の方針 ②情報の共有化 ③動機付け

9.7　産業財産権

産業財産権は知的財産権の 1 つで，特許権，実用新案権，意匠権および商標権の 4 つの権利をいう．これらの権利の目的は権利の独占権，模倣防止などにより，産業の発展を図ることである．特許庁に出願し，登録されると，一定期間，独占的に実施（使用）できる権利が与えられる．

各権利の概要を以下に示す．

① 特許権

目的は発明を保護することである．出願から 20 年（一部 25 年）が保護期間である．

② 実用新案権

目的は物品の形状などの考案を保護することである．出願から 10 年が保護期間である．

③ 意匠権

目的は物品のデザインを保護することである．登録日から 20 年が保護期間である．

④ 商標権

目的は商品，サービスに使用するマークを保護することである．登録から 10 年（更新あり）が保護期間である．

参考文献

[1] 日本人間工学会編，ユニバーサルデザイン実践ガイドライン，pp.26-28，共立出版，2002

[2] 二井るり子，小尾隆一，大原一興，石田祥代，知的障害のある人のためのバリアフリーデザイン，彰国社，2003

[3] 山岡俊樹，岡田明，ユーザインタフェースデザインの実践，pp.134-135，海文堂出版，1999

引用文献

1 山岡俊樹，論理的思考によるデザイン，pp.212-214，ビー・エヌ・エヌ新社，2012

2 https://projects.ncsu.edu/design/cud/about_ud/udprinciplestext.htm

3 山岡俊樹，論理的思考によるデザイン，pp.212-214，ビー・エヌ・エヌ新社，2012

4 山岡俊樹，吉岡英俊，森亮太，ユニバーサルデザイン度に関する一考察，pp.35-42，No.3，Vol.6，感性工学研究論文集，2006

5 山岡俊樹，論理的思考によるデザイン，p.218，ビー・エヌ・エヌ新社，2012

6 山岡俊樹編著，サービスデザイン，p.5，共立出版，2016

7 同上，p.4

[8] 同上，p.128
[9] 山岡俊樹，論理的思考によるデザイン，p.216，ビー・エヌ・エヌ新社，2012
[10] 同上，p.217
[11] 同上，p.218
[12] 同上，p.219
[13] 同上，p.219

10章 造形方法

造形とは，文字どおり形をつくることである．造形を行うための考えかたと手法を説明する．

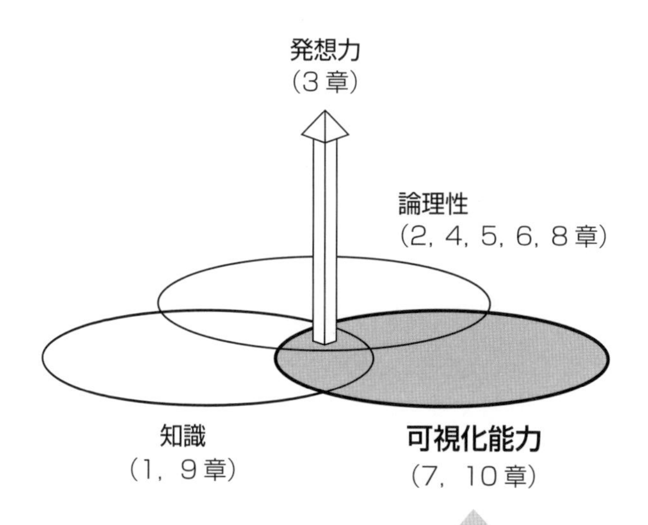

造形の基本
　省略と強調，図と地
　造形に関係する構成要素
　①バランス，②プロポーション，③リズム
立体造形の基本
　形状について，形状の流れ，アクセント，ボリューム感，
　感性デザイン項目
平面造形の基本
　①基本的な方法，②可視化の３原則の活用，
　③主部，述部，修飾部，④直接的意味，間接的意味

10.1 造形の基本

(1) 省略と強調[1]

人間はさまざまな膨大な情報をすべて処理するのは困難である．そのため，人間にとって必要な情報の絞り込み（省略）と強調を行い，情報を効率よく中枢神経系に送り込んでいる．

省略により，見える電磁波の範囲は波長 380 ～ 750 ナノメートル（nm），聞こえる音の範囲は周波数 16 ～ 20,000 Hz となっている．もし見えすぎたり，聞こえすぎたりすると，効率的な生活を維持できなくなる．

人間の目には側(そく)抑制（Lateral Inhibition）といって，紙に塗り分けられた黒と白の部分の境界部分が強調され，白はより明るく，黒はより暗く見える機能がある．この機能により，文字などがはっきり見えて，効率よく情報を入手することができる．

この省略と強調は，デザイン作業を行うとき参考となる考えかたである．たとえば，ポスターなどのグラフィックデザインでは，重要ではない情報が多く表示されると重要な情報がわからなくなるので，省略によってポイントを絞るのが大事である．また，重要な情報は強調して，見る人に容易に伝わるようにする．

(2) 図と地[2]

図とは文字や形などで絵として見えるもの，地はその背景として見えるものである．図は地の上に位置するので，図が見えるための条件は，明確な形であることと，図と地の間にコントラストがあることである（図 10.1）．

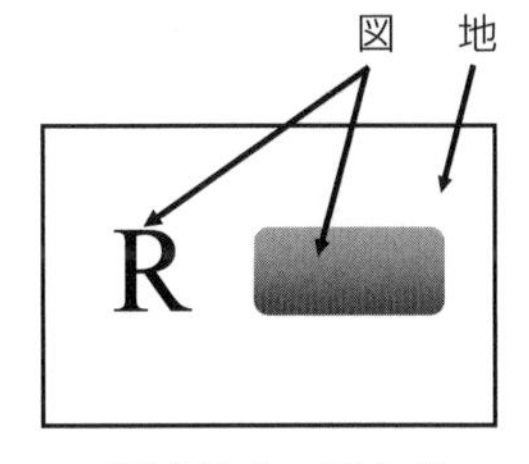

図 10.1　図と地

(3)　造形に関係する構成要素

造形の基本は「まとまり」と「アクセント」である．まとまりがないと安心して見ることができない．一方，まとまりだけでは魅力に欠けるので，アクセントが必要になる．

以下，これらにかかわる構成要素として重要なバランス，プロポーション，リズムについて紹介する．

①　バランス（Balance）

造形上のつり合いを意味し，その結果，見た目の安定感が得られる．

②　プロポーション（Proportion）

紙などの平面の縦，横，直方体などの立体の縦，横，奥行きの比率のことである．

バランスとプロポーションは，まとまりにかかわる要素である．

③　リズム（Rhythm）

造形の反復を意味し，リズムは主にアクセントにかかわる要素である．

10.2 立体造形の基本[3]

ここでは立体造形の基本である，形状，形状の流れ，アクセント，ボリューム感について述べる．

(1) 形状について

点が連続してできた軌跡が線となり，線が連続してできた軌跡が面となる．そして縦横の寸法が同じ正方形の面を6つ，互いに直角に配置すると立方体となる．立方体がすべての基本形である．希望する造形を描く場合は，その形状に類似するように，立方体をさまざまな方向に積み重ねていけばよい．

我々の身の回りの空間を見ると直方体が多い．最近は変形した空間も出現してきているが，基本は直方体である．理由としては，スペース効率が良いためである．したがって，空間に置かれる家具，家電製品や設備機器は，直線を基調にしたシンプルな無駄のない形状となっている．

居住空間の室内色は白色が多いので，そこに置かれる機器は当然，調和を考えて白色が多くなる．空間に置かれる機器については，シンプルであり白色であるということから，「すっきりしている」という造形コンセプトがデザイナー間の暗黙の了解となっている．このコンセプトはモダンデザインのベクトルとも符合している．しかし，造形スタイルは時代とともに変化するので，モダンデザインが絶対という訳ではない．

(2) 形状の流れ

形状は面が流れるタイプと，面が独立したタイプに分けることができる．

① 面が流れる形状（図 10.2，図 10.3）

面の流れがあるので造形上の主張がしやすいし，動きを表

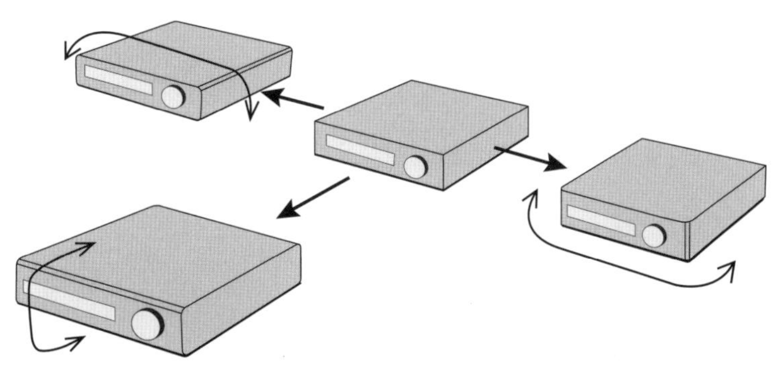

図 10.2　さまざまな流れる形状

図 10.3　流れる形状の例

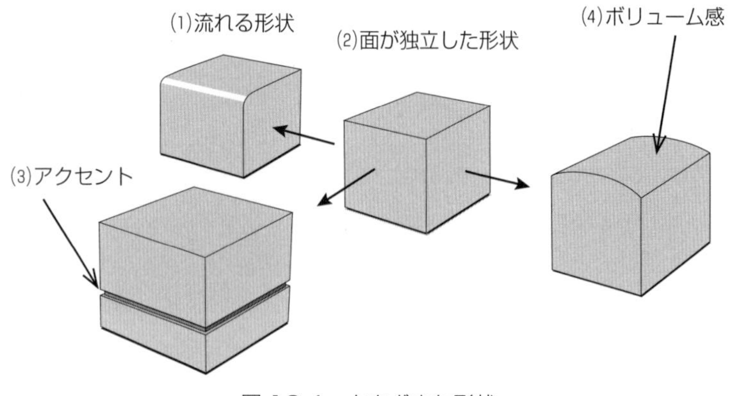

図 10.4　さまざまな形状

現することができる（図 10.4(1)）．この流れは 1 つか 2 つ程度が良く，多いとノイズになる．

② 面が独立した形状

角アールのない（あるいは小さい）立方体や直方体などの，各面が独立し，各面を強調した形状である（図 10.4(2)）．ある面のみを強調して造形処理を行う場合もある．

(3) アクセント

シンプルな形状にした場合，面白くない，変化がないなどと評価されることがある．これを避けるためにアクセントを検討する．

① 形を少し変形させる

本体の前面を傾斜にするなど．

② 本体の一部を凹凸や段差にする（図 10.4(3)，図 10.5）

凹凸や段差により陰が生まれアクセント効果を生む．

図表 10.5　アクセントの例

③　面取りを行う

面取りを行うことにより，面の単調さをなくすことができる．

④　パーツを使う

ツマミ，ボタンなどのパーツを使い，色も変える．

⑤　色彩をアクセントとして使う

色分けする，形状の単調さを補うために全体を強めの色にするなど．

⑥　質感をアクセントとして使う

光沢と艶消しなどの組み合わせや，別の素材をアクセントとして使うなど．

(4)　ボリューム感

ボリューム感は豊かなイメージを与えることができる．アクセント効果の一つとしても考えられる．ボリューム感を生じさせるには，ある平面を凸の形状にするのが一般的な方法である．たとえば唐招提寺の柱のふくらみ（エンタシス）は，直線状の柱だと凹んで見えるので，膨らませることにより，ボリューム感を生成させているのである．

以下にボリューム感を出す方法の例を示す．

① 面を凸状にする
- 面を膨らませる（図 10.4(4)）
- 面にパーツを追加する

② 面取りや角アールをつける

③ 質感を変える

(5) 感性デザイン項目の活用

造形を感性デザイン項目（表 9.7 参照）で検討する．下記のように階層化することにより，項目間の関係を理解することができる[4]（図 10.6）．

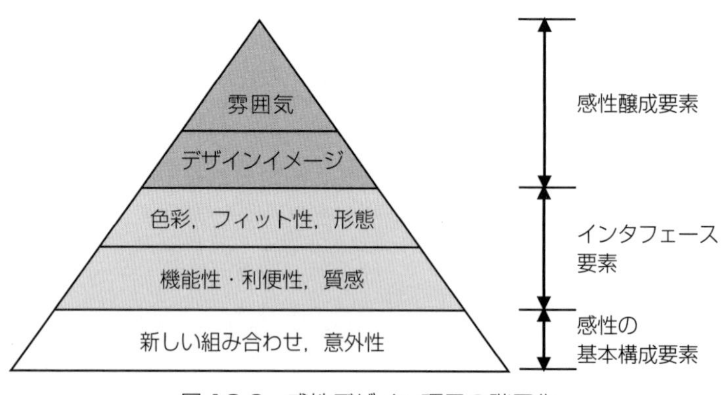

図 10.6　感性デザイン項目の階層化

第1階層：雰囲気
第2階層：デザインイメージ
第3階層：色彩，フィット性，形態
第4階層：機能性・利便性，質感
第5階層：新しい組み合わせ，意外性

階層化された項目は，さらに下記の3グループに分類することができる．

① 感性醸成要素

雰囲気とデザインイメージの2項目（第1階層と第2階層）が相当し，さまざまな要素を統合してユーザに感性を醸成させる．第3階層以下の項目の概念を包含している．

② インタフェース要素

色彩，フィット性，形態，機能性・利便性，質感の5項目（第3階層と第4階層）が該当する．これらの要素を単独あるいは組み合わせることにより，使いやすい製品になり，感性を引き起こすことができるようになる．

③ 感性の基本構成要素

新しい組み合わせと意外性（第5階層）の2項目が該当し，デザイン対象物に対し感性を生じさせるための基本的な要素である．とくに，組み合わせがポイントで，異なる形状・素材などを新しく組み合わせると，オリジナリティの高い造形を創出することができる．

(6) 立体造形を行う基本的な手順

以下の手順で行う．

① 感性デザイン項目を使って全体のイメージを決める（造形

コンセプトを決める）.

② イメージに従って，流れる形状にするのか，面が独立した形状にするのか決める．制約条件を考えて，プロポーションを考える．

③ 流れる形状ならば，どういう流れにするのか決める．
面が独立した形状の場合，ボリューム感を検討する．

④ 流れる形状，面が独立した形状の全体のバランスを考えて，アクセントの処理をどうするのか決める．

10.3 平面造形の基本

(1) 基本的な方法

最初に基本方針であるコンセプトをつくり，それに基づいて可視化する．わかりやすい事例として，名刺を例にして，以下で説明する（図 10.7）.

1) 構造化コンセプトを構築する

どのように要求事項（コンセプトの下位項目）をウエイト付けするのか決める．

2) レイアウトはできるだけシンプルな構造にする（複雑な構造にして訴えることもできるが，難しい）

下記の操作部レイアウトの原則（優先度，グループ分け，関連性）は情報（名刺）のデザインにも当てはまる．

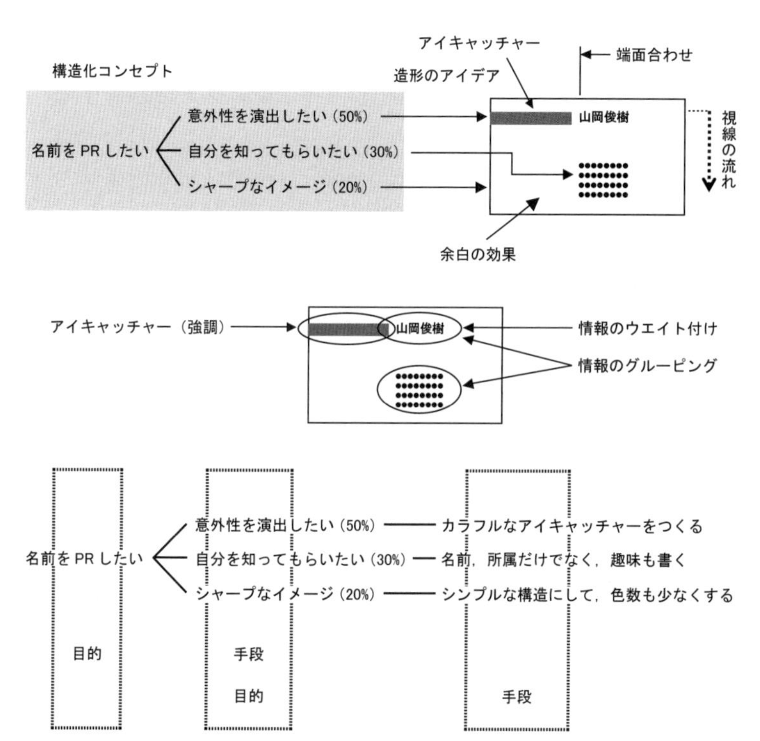

上位機能を決める：「その機能は何のために必要か（目的）」の視点から決める．
下位機能を決める：「その機能を達成するには，どんな手段が必要か」の視点から決める．
目的→手段における制約条件を規定する．

図 10.7　コンセプトに基づく可視化方法

① 優先度

重要な操作具や表示具は最適領域に割り付ける．

→重要な情報は最適な位置に配置する．

② グループ分け

機能的なグルーピングを行う．

→情報の機能的グルーピングを行う．

③　関連性

操作具と表示具との対応関係（マッピング）を検討する．

→情報間の関係を明確にする．

センター合わせ，端面合わせ，余白の効果を考える（グリッドをつくり，それに合わせてもよい）．

3)　どういう視線の流れで見せるのか

①　アイキャッチャー（ユーザの注意を引き付けるもの）を検討する．

②　左上から右下への流れが自然である．

4)　色彩計画

①　多色を使う場合，コンセプトに基づき効果を考えて決める．

②　メインカラー，サブカラー，アクセントカラーを検討する．

メインカラーは大きな面積を取り，全体のイメージを構築する色である．サブカラーはメインカラーを補う色である．アクセントカラーはメイン・サブカラーだけでは単調で，変化が乏しい場合に，全体を引き締める役割をする色彩である．したがって，アクセントカラーは大きな面積を占めない．

③　原色は原則として避ける．

④　オフホワイト，オフブラックの使用を検討する．

⑤　質感も考える．

(2)　可視化の３原則[5]を活用する

可視化の３原則（強調，簡潔性，一貫性）とは，複雑でないレイアウトにし，重要な情報は強調し，一度決めた取り決めは守るという考えかたである．元々はGUI用に考えられたものだが，グラフィックデザイン全般に活用できる．

① 強調

重要な情報を強調し，ユーザに情報の入手を容易にさせる機能である．大きな面積を与える，コントラストをつけて目立たせる，文字を太くする，文字の色を変える，パーツの形状・色を変える，枠線で囲うなどの方法がある．

② 簡潔性

機能ごとに分類し，レイアウトをシンプルにするのが簡潔性を獲得するポイントである．そのためには，グリッドをつくり，ボタンやグラフィックパーツなどはグリッドの線に合わせて，できるだけパーツ間の配置上の段差をなくす．

③ 一貫性

一度決めた事項は，例外をつくらず，守り通すことにより一貫性は実現する．画面数の多い画面インタフェースデザインでは，一貫性により文脈効果が生じ，ユーザは操作の予測ができるようになる．操作画面以外でも，デパートや駅の方向案内などの表示情報において一貫性は重要である．具体的には，画面レイアウト，画面要素，色彩や用語に一貫性を持たせる．

(3) 主部，述部，修飾部[6][7]

文章には主部，述部，修飾部があるが，立体や平面の造形を，この3つの観点から見ていくことができる．

① 主部

造形の最も主張したい箇所である．パッケージデザインの場合は，商品名が最も重要なので，商品名が主部になる．自動車ならば，自動車の顔であるフロント部分，とくにヘッドライトとラジエーターグリルの部分である.

② 述部

主部を図と捉えると, 述部は地の部分である. または主部を支える部分（本体など）である. パッケージデザインならば, 主部である商品名が図になり, 商品名を強調するための地であるベタ面・本体が該当する. 自動車の場合, そのフロント部分が主部ならば, 述部はボディ本体である.

③ 修飾部

修飾部は主部と述部に対して, それらをサポートする関連情報の部分である. パッケージデザインの場合, 主部以外の説明書きなどが該当する. 自動車の場合, 述部であるボディ本体にかかわるパーツや各種ディテール部分が修飾部となる.

(4) 直接的意味と間接的意味

研究室の前に「実験中」と学生が表示した. この表示の直接的意味は「いまは実験中です」ということであるが,「実験中なので部屋に入らないでください」「静かにしてください」という間接的意味も伝えている.

通常, 記号論では, 前者をデノテーション（Denotation：表示的意味), 後者をコノテーション（Connotation：伴示的意味）というが, 覚えづらいので, ここでは使用しない.

たとえば売り出しのチラシの場合は, 正確にメッセージを伝えるのが目的なので, 直接的意味を表示するデザインをすればよい. しかし, ポスターなどのように複雑なメッセージを伝えたい場合は, 直接的意味と間接的意味を包含してデザインを行うことによってさまざまな意味が生じ, ポスターの訴求を伝えることができる．

JR 京都駅で新幹線のホームの外側に掲げられていた宅配業者のポスターがなかなか良かった．「祇園に，心も配ります」というメッセージとともに，若い女性が荷物車付きの自転車で荷物を運んでいるシーンが表現されていた．直接的には荷物を運んでいるという意味であるが，京都の環境にも配慮しているという間接的意味も伝えているのである．このようなメッセージにより，見る人の共感を得ることができるのである．

参考文献

[1] 大谷璋，ミスはなぜ起こる，pp.29-51，日本経済新聞社，1978
[2] 八木昭宏，知覚と認知，pp.10-11，培風館，1997
[3] 山岡俊樹，論理的思考によるデザイン，pp.60-77，ビー・エヌ・エヌ新社，2012
[4] 同上，pp.116-118
[5] 山岡俊樹，岡田明，ユーザインタフェースデザインの実践，pp.118-126，海文堂出版，1999
[6] 山岡俊樹，論理的思考によるデザイン，pp.104-106，ビー・エヌ・エヌ新社，2012
[7] 下村千草，川本茂雄他編集，記号としての芸術，pp.212-236，勁草書房，1982

11章
事例

2つの事例を通して，いままで学習した事項の再確認をしてほしい．1つは取っ手付きコップの製品開発，もう1つは旅行者向けの貸し出しサービスシステムの提案である．

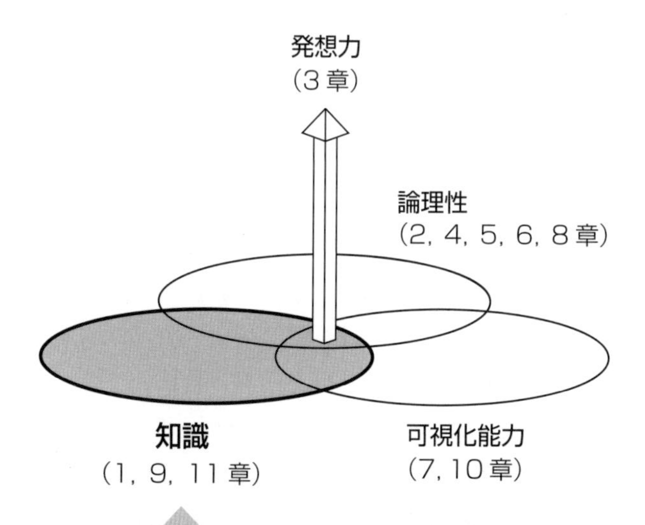

取っ手付きコップの製品開発
　ユーザ要求事項の抽出，構造化デザインコンセプト，可視化，評価
旅行者向けの貸し出しサービスの開発
　背景，事前調査，目的，目標，構造化デザインコンセプト，
　サービスの概要，ビジネスモデル，アプリの操作画面

11.1 取っ手付きコップの製品開発

本件は安田女子大学家政学部造形デザイン学科教員（杉山陽二教授）による開発事例である．取っ手付きコップは，一般に成人の健常者が使用することを前提にデザインされている．そのため，幼児や高齢者および障害者に対する「使いやすさ」の観点から，さまざまな問題点が指摘されている．以下，汎用システムデザインプロセスに従って説明する．

(1) ユーザ要求事項の抽出

日用生活品メーカーの社員食堂で使われている取っ手付きコップ（自社既製品，満注容量＝220ml，PP製）の使用状況をHMI（人間－機械系）の5側面から直接観察を行った．結果を表11.1にまとめた．また，3Pタスク分析によるユーザ要求事項の抽出などから，目的は，身体的な負担を軽減し，誰もが容易に飲み物を飲むことができるコップとした．次に，以上のデータから，ユーザとシステムの明確化（仕様書）（表11.2）を行った．

(2) 構造化デザインコンセプト

以上の作業を通して，構造化デザインコンセプトを作成した（図11.1）．最上位項目は「どこでも手軽に持ち運びでき，使用性の良い取っ手付きコップ」とした．分析結果やユーザ層から，「取っ手付きコップ」を購入する選択基準を考慮して，使用性

50％，洗浄性15％，収納性5％，デザイン性30％のウエイト付けを行った．

表11.1　HMIの5側面からの観察結果

デザイン項目	下位項目	要求事項
(1)身体的側面	①位置関係（最適な姿勢の確保）	取っ手の大きさ，容器の安定性，収納性，飲み口方向の確認の容易さ
	②力学的側面（最適な操作力と操作方向）	スタッキング（積み重ね）の容易性，軽量，飲みやすい形状，洗浄性
	③接触面（操作具とのフィット性）	取っ手の持ちやすさ，フィット感
(2)頭脳的側面	①ユーザのメンタルモデル ②わかりやすい ③見やすさ	専用コップの識別性，注水容量の確認
(3)時間的側面	①作業時間 ②休息時間 ③システム側の反応時間	洗浄時間
(4)環境的側面	①空調（温度，湿度，気流など） ②照明（照度，グレアなど） ③その他（騒音，振動など）	使用場所，保管場所
(5)運用的側面	①組織の方針 ②情報の共有化 ③動機付け	廃棄性，部品交換時の連絡先

表11.2　ユーザとシステムの明確化（仕様書）

システム，仕様の明確化	システムの明確化	• 機能・性能：密閉ぶた付き飲料用コップ • 入・出力デバイス：密閉ぶた開閉は手動 • 使用環境：屋内，屋外，車内 • 使用時間：飲用時（3回／日） • 運用システム：個人使用
人間と機械との役割分担の明確化	UI機能の明確化	• 飲用作業はすべてユーザで手動 • 密閉ぶた装着，ストロー挿入作業はユーザ側
ユーザの明確化	タスクの明確化	• 飲料水注入作業 • 密閉ぶた装着作業 • ストロー挿入作業 • 飲用作業 • 洗浄作業
	ユーザ層の明確化	• 年齢，性別，職業など：健常者，高齢者，子供，主婦，障害者など
	ユーザレベルの明確化	• スキル，教育，経験など：熟練者から未経験者
	ユーザのメンタルモデルの明確化	• ユーザの操作知識：使いかたがすぐわかり，楽に飲用できるものと考える
製造・技術関係	規格	• 社内規格どおり • 食品衛生法に準ずる
	コスト	• 従来どおり
	特記事項	• 射出成型 • ブロー成型
市場背景		• UDの概念を基本に新しいユーザを取り込む • アウトドアおよび健康志向を背景に団塊世代をターゲット像とする

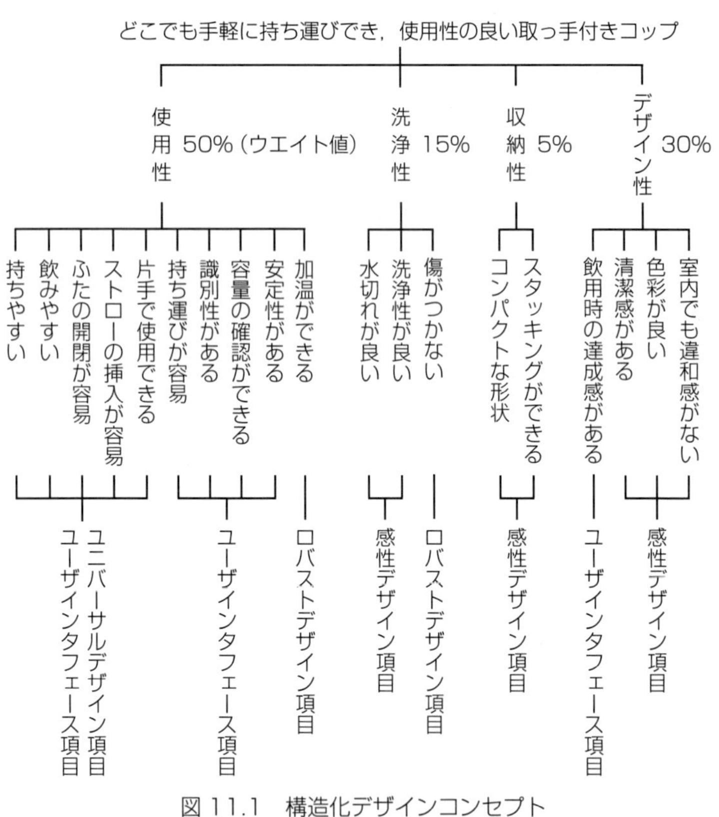

図 11.1　構造化デザインコンセプト

(3)　可視化

前項で示した構造化コンセプトの最下位の要求事項と 70 デザイン項目を照らし合わせ，製品化に必要なデザイン要素を明確にし，具現化スケッチを作成した（図 11.2）．その取捨選択により最終的な可視化案の作成を行った．

可視化のために取捨選択したユーザ要求事項の一例を表 11.3

に示す.

図 11.2　デザイン案

表 11.3　要求事項

①ユーザインタフェース項目	
•ふたと本体との識別性が良い •洗浄後の水切れが良い •取っ手の脱着ができる	•内容量の確認が容易である •収納性を良くするスタッキング構造
②ユニバーサルデザイン項目	
•滑りにくい取っ手 •倒れにくく安定感のあるデザイン •両手で支えることができる •ストローが使用できる •持ち運びが容易である •ふたの開閉が容易である •ふたの取り外しが容易である	•握りやすい大きな取っ手 •転倒しても，内容物がこぼれない •洗浄しやすいアール形状 •ストローが固定できる •片手でも使用できる •薬を収納するためのスペースがある •本体底面が滑らない
③ロバストデザイン項目	
•熱が伝わりにくい本体中空構造 •電子レンジ対応である •耐候性の良い素材を使用 •取っ手部に EVA (Ethylene Vinyl Acetate Copolymer) 樹脂を使用する	•傷がつきにくい材質 •内容物が見えるように透明樹脂を使用
④感性デザイン項目	
•清潔感のある色彩 •室内でも使用できるデザイン	•コンパクトなデザイン

(4) 評価

デザイン評価については，プロトタイプの製作を行っていないことから，3D スケッチ上で実施した．その結果，収納性を除く，使用性，洗浄性，デザイン性について満足のいく評価が得られた．

11.2 旅行者向けの貸し出しサービスの開発

本件は京都女子大学家政学部生活造形学科学生（鉢嶺悠美）による汎用システムデザインプロセスを活用した開発事例である．

(1) はじめに

観光旅行において，荷物をできるだけ少なくすることは，快適な移動の実現のために不可欠である．本提案は，日々多くの観光客が訪れるシアトルにて，旅行者向けの貸し出しサービスを提供するものである．

(2) 背景

完璧な荷づくりを目指していても，何か必要なものを持ってくることを忘れる．あるいは，荷物を軽くするために，現地調達を前提として荷づくりをする．このような場合，旅行先で必要なものを購入することが従来の方法であった．しかしながら，購入することによって荷物が増える，余計なお金を使ってしまうといった問題点が指摘される．そこで，必要なものを「借りる」，使い終わったら「返す」という選択肢がこの問題を解決すると考えられる．

(3)　事前調査

アメリカ，ベトナム，台湾，日本など，さまざまな地域の男女36名（10代，20代を中心に70代まで）にアンケートを行った．その結果，ほぼ半数の旅行者が準備不足または荷物の軽量化のために，旅行先でグッズを買う可能性があることがわかった．

(4)　目的

旅行者の利便性向上，そして快適な旅行を実現するために，旅行グッズの無料貸し出しサービスを実現する．

(5)　目標

①　信頼性

利用者数を予測し，それに基づいて適切な量のグッズを用意する．利用者が借りたいときに借りられるようにする．

②　効率性

利用者がスマートフォンなどのアプリ上で手続きできるようにし，貸し出し窓口では受け渡しのみを行う．

③　機能性

アプリに観光情報を確認できる機能を追加し，アプリとしての価値を高める．

④　利便性

旅行者の行動に基づいて貸し出し窓口の場所を設定し，利便性に地域差が生じないように配慮する．また，旅行者は基本的にタイトなスケジュールを組むため，グッズを返しそびれる可能性がある．そのようなリスクを回避するために，ホテルにも貸し出し・返却窓口を設ける．

(6)　構造化デザインコンセプト

最上位項目を，荷物を軽くし，快適な観光をサポートするサービスシステムとする（図 11.3）．

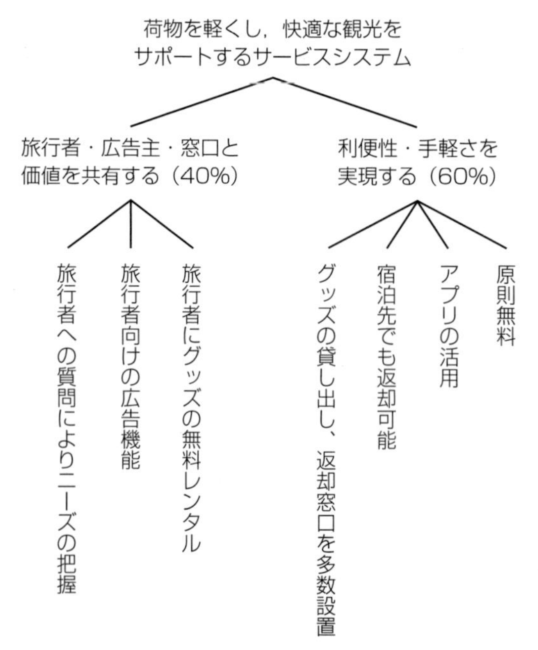

図 11.3　構造化デザインコンセプト

(7) サービスの概要

① サービスシステム

観光名所・主要施設・駅・ホテルに旅行者向けのグッズを貸し出し，返却できる窓口を多数設置する．グッズの具体例はアンケートを基に，「旅行先で必要だが持ってくることを忘れがちなもの（充電器，変換プラグ）」「天候次第では必要ないので，できれば持って行きたくないもの（傘，サングラス）」などを主に用意する．

サービスの利用率を高めるため，グッズの使用料は基本的に無料とする．ただし，制限時間・期日を設け，それを過ぎるとペナルティが発生し，料金を払う必要がある．

旅行者からは基本的に収入を得られないため，サービスとしての収入は，グッズに貼った広告の広告主から得ることとする．

② サービスの利用方法

利用者は専用のアプリをインストールし，名前や性別，支払い方法を設定する．そして，旅行先で何か必要なものがあればアプリで検索する．検索結果の画面では，グッズの詳細だけではなく，最寄りの窓口の写真や説明を確認できる．さらに，グッズの事前予約・取り置きがアプリ上にて可能であり，荷づくりの時点で，旅行先で必要なグッズを確保し，荷物を軽くすることができる．

(8) ビジネスモデル

詳細を図11.4に示す．ポイントは価値の共有化のところで，

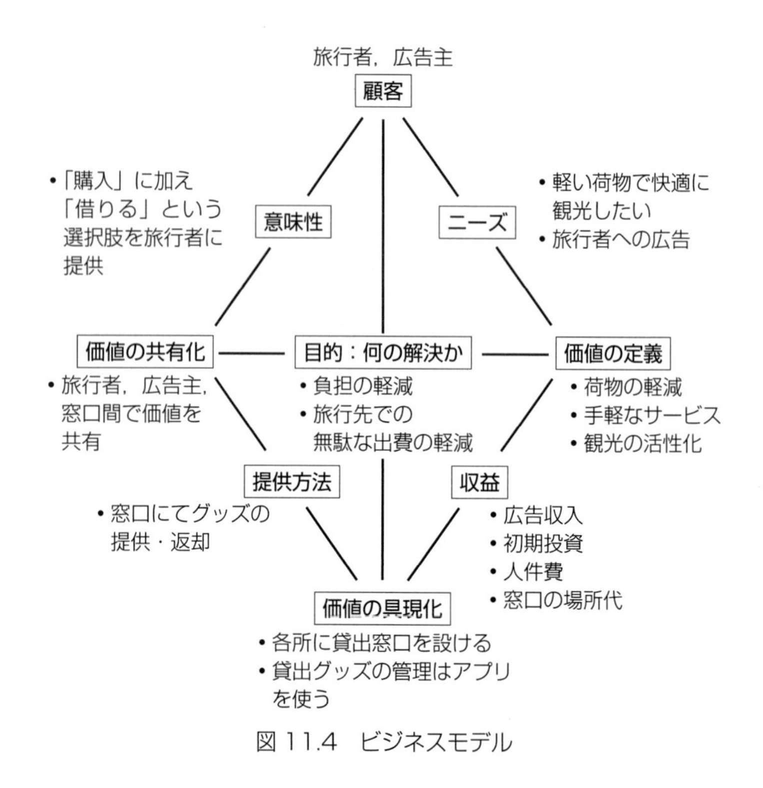

図 11.4　ビジネスモデル

旅行者と広告主，窓口の関係者間で価値を共有することである．また，収益のところでは，概算であるが収益＝収入－支出（支出＝変動費＋固定費）の目途をつけた．

(9)　アプリの操作画面

このシステムで使用するアプリの画面デザイン案を作成した．その一例を図 11.5 に示す．

図 11.5　画面デザイン案

索　引

【著者紹介】

山岡　俊樹（やまおか　としき）

1971年　千葉大学工学部工業意匠学科卒業
同年　東京芝浦電気（株）入社
1991年　千葉大学自然科学研究科博士課程修了
1995年　（株）東芝　デザインセンター担当部長
（兼）情報・通信システム研究所ヒューマンインタフェース技術研究センター研究主幹
1998年　和歌山大学システム工学部デザイン情報学科教授
2014年　京都女子大家政学部生活造形学科教授（学術博士），和歌山大学名誉教授，現在にいたる

専門
サービスデザイン，人間工学（日本人間工学会認定 人間工学専門家），ユーザインタフェースデザイン，工業デザイン，ユニバーサルデザイン，製品開発，観察工学
米国人間工学会（HFES），Universal Access in the Information Society（UAIS）Journalのeditorなどを担当

ISBN978-4-303-72723-9

デザイン3.0の教科書

2018年10月1日　初版発行

著　者　山岡俊樹
検印省略
発行者　岡田節夫
発行所　海文堂出版株式会社
本　社　東京都文京区水道2-5-4（〒112-0005）
電話 03（3815）3291㈹　FAX 03（3815）3953
http://www.kaibundo.jp/
支　社　神戸市中央区元町通3-5-10（〒650-0022）
日本書籍出版協会会員・工学書協会会員・自然科学書協会会員

PRINTED IN JAPAN
印刷　東光整版印刷／製本　誠製本